乡村人才振兴培训系列教材

农民安全

常｜识

张　倩　胡　杏　彭新红　主编

NONGMIN ANQUAN
CHANGSHI

中国农业科学技术出版社

图书在版编目(CIP)数据

农民安全常识/张倩,胡杏,彭新红主编.--北京:
中国农业科学技术出版社,2022.8(2025.2重印)
ISBN 978-7-5116-5857-9

Ⅰ.①农… Ⅱ.①张…②胡…③彭… Ⅲ.①农民-
安全教育 Ⅳ.①X956

中国版本图书馆 CIP 数据核字(2022)第 139332 号

责任编辑	王惟萍	
责任校对	李向荣	
责任印制	姜义伟	王思文

出 版 者	中国农业科学技术出版社	
	北京市中关村南大街 12 号	邮编:100081
电 话	(010)82106643(编辑室)	(010)82109702(发行部)
	(010)82109709(读者服务部)	
网 址	http://www.castp.cn	
经 销 者	各地新华书店	
印 刷 者	中煤(北京)印务有限公司	
开 本	140 mm×203 mm 1/32	
印 张	5.125	
字 数	140 千字	
版 次	2022 年 8 月第 1 版 2025 年 2 月第 13 次印刷	
定 价	24.00 元	

《农民安全常识》
编 委 会

安全关系着人民的生命财产和切身利益。近年来，在广大农民朋友的日常生产生活中，火灾、触电、意外伤害、气象地质灾害、诈骗传销、疾病疫情等时有发生，严重威胁着人们的生命健康安全，给家庭和社会都带来了很大的伤害。究其原因，主要是因为农民朋友的安全意识薄弱，对安全事故认识不深刻，自救能力差。因此，学习安全常识，增强安全防范意识，提高自防自护自救能力，对预防安全事故的发生至关重要。

本书针对广大农民朋友生产生活的实际情况，从农民用电安全常识、农民防火安全常识、农民交通安全常识、农业机械安全常识、农药使用安全常识、气象地质灾害安全常识、预防诈骗与抵制传销常识、禁毒防艾常识、新型冠状病毒防护常识、救护常识方面，以通俗易懂的文字介绍生产生活中可能遇到的各种安全问题以及相应的防护措施。

本书注重系统性、针对性、实用性和可操作性，简明扼要，易学易懂，不仅适合农村基层安全生产和应急管理工作者培训使用，也适合广大农民朋友学习使用。

由于时间仓促，作者水平有限，书中难免存在不足之处，欢迎广大读者批评指正！

编　者
2022 年 6 月

目录

第一章 农民用电安全常识

第一节　用电安全基本知识

一、安全用电知识

在生活中，由于我们的不小心，可能会触及电源，由于电路故障也可能使我们随时触电，而每个不小心和疏忽都威胁着我们的生命安全。所以在日常生活中我们要了解掌握一些用电知识。

（1）认识了解电源总开关，学会在紧急情况下切断总电源。

（2）不用手或导电物（如铁丝、钉子、别针等金属制品）去接触、探试电源插座内部。

（3）不用湿手触摸电器，不用湿布擦拭电器。

（4）电器使用完毕后应拔掉电源插头，插拔电源插头时不要用力拉拽电线，防止电线的绝缘层受损造成触电，电线的绝缘皮剥落，要及时更换新线或者用绝缘胶布包好。

（5）发现有人触电时要设法及时切断电源，或者用干燥的木棍等绝缘物将触电者与带电的电器分开，不要用手去直接救人。

（6）不随意拆卸、安装电源线路、插座、插头等。哪怕安装灯泡等简单的事情，也要先切断电源。

（7）电源接线板电线不要与金属物接触。

二、安全用电标志

明确统一的标志是保证用电安全的一项重要措施。统计表明，不少电气事故完全是由于标志不统一而造成的。例如，由于导线的颜色不统一，误将相线接设备的机壳，而导致机壳带电，酿成触电伤亡事故。

标志分为颜色标志和图形标志。颜色标志常用来区分不同性质、不同用途的导线，或用来表示某处安全程度。图形标志一般用来告诫人们不要去接近有危险的场所。为保证安全用电，必须严格按有关标准使用颜色标志和图形标志。我国安全色标采用的标准，基本上与国际标准草案相同。一般采用的安全色有以下几种。

红色：用来标志禁止、停止和消防，如信号灯、信号旗、机器上的紧急停机按钮等都是用红色来表示"禁止"的信息。

黄色：用来标志注意危险，如"当心触电""注意安全"等。

绿色：用来标志安全无事，如"在此工作""已接地"等。

蓝色：用来标志强制执行，如"必须戴安全帽"等。

黑色：用来标志图像、文字符号和警告标志的几何图形。

按照规定，为便于识别，防止误操作，确保运行和检修人员的安全，采用不同颜色来区别设备特征。如电气母线，A 相为黄色，B 相为绿色，C 相为红色，明敷的接地线涂为黑色。在二次系统中，交流电压回路用黄色，交流电流回路用绿色，信号和警告回路用白色。

第二节　家庭安全用电

一、常见家庭安全用电

（1）每个家庭必须具备一些必要的电工器具，如验电笔、螺丝刀、胶钳等，还必须具备适合家用电器使用的各种规格的保险丝具和保险丝。

（2）每户家用电表前必须装有总保险，电表后应装有总刀闸和漏电保护开关。

（3）任何情况下严禁用铜、铁丝代替保险丝。保险丝的大小一定要与用电容量匹配。

更换保险丝时要拔下瓷盒盖更换，不得直接在瓷盒内搭接保险丝，不得在带电情况下（未拉开刀闸）更换保险丝。

（4）烧断保险丝或漏电开关动作后，必须查明原因才能再合上开关电源。任何情况下不得用导线将保险短接或者压住漏电开关跳闸机构强行送电。

（5）购买家用电器时应认真查看产品说明书的技术参数（如频率、电压等）是否符合本地用电要求。要清楚耗电功率多少、家庭已有的供电能力是否满足要求，特别是配线容量、插头、插座、保险丝具、电表是否满足要求。

（6）当家用配电设备不能满足家用电器容量要求时，要更换改造，严禁凑合使用。否则超负荷运行会损坏电气设备，还可能引起电气火灾。

（7）购买家用电器还应了解其绝缘性能是一般绝缘、加强绝缘还是双重绝缘。如果是靠接地作漏电保护的，则接地线必不可少。即使是加强绝缘或双重绝缘的电气设备，作保护接地或保护接零也有好处。

（8）对带有电动机类的家用电器（如电风扇等），还应了解其耐热水平，是否可长时间连续运行。要注意家用电器的散热条件。

（9）安装家用电器前应查看产品说明书对安装环境的要求，特别注意在可能的条件下，不要把家用电器安装在湿热、灰尘多或有易燃、易爆、腐蚀性气体的环境中。

（10）在敷设室内配线时，相线、零线应标志明晰，并与家用电器接线保持一致，不得互相接错。

（11）家用电器与电源连接，必须采用可开断的开关或插接头，禁止将导线直接插入插座孔。

（12）凡要求有保护接地或保护接零的家用电器，都应采用三脚插头和三眼插座，不得用双脚插头和双眼插座代用，造成接地（或接零）线空挡。

（13）家庭配线中间最好没有接头，必须有接头时应接触牢固并用绝缘胶布缠绕或者用瓷接线盒。用电工胶布包扎接头。

（14）导线与开关、刀闸、保险盒、灯头等的连接应牢固可靠，接触良好。多胶软铜线接头应拢绞合后再放到接头螺丝垫片下，防止细股线散开碰另一接头上造成短路。

（15）家庭配线不得直接敷设在易燃的建筑材料上面，如需在木料上布线必须使用瓷珠或瓷夹子，穿越木板必须使用瓷套管。不得使用易燃塑料和其他的易燃材料作为装饰用料。

（16）接地或接零线虽然正常时不带电，但断线后如遇漏电会使电器外壳带电；如遇短路，接地线也通过大电流。为使其安全，接地（接零）线规格应不小于相导线，在其上不得装开关或保险丝，也不得有接头。

（17）接地线不得接在自来水管上（因为现在自来水管接头

堵漏用的都是绝缘带，没有接地效果）；不得接在煤气管上（以防电火花引起煤气爆炸）；不得接在电话线的地线上（以防强电窜弱电）；也不得接在避雷线的引下线上（以防雷电时反击）。

（18）所有的开关、刀闸、保险盒都必须有盖。胶木盖板老化、残缺不全者必须更换。脏污受潮者必须停电擦抹干净后才能使用。

（19）电源线不要拖放在地面上，以防电源线绊人，并防止损坏绝缘。

（20）家用电器试用前应对照说明书，将所有开关、按钮都置于原始停机位置，然后按说明书要求的开停操作顺序操作。如果有运动部件如摇头风扇，应事先考虑足够的运动空间。

（21）家用电器通电后发现冒火花、冒烟或有烧焦味等异常情况时，应立即停机并切断电源，进行检查。

（22）移动家用电器时一定要切断电源，以防触电。

（23）发热电器周围必须远离易燃物料。电炉子、取暖炉、电熨斗等发热电器不得直接搁在木板上，以免引起火灾。

（24）禁止用湿手接触带电的开关，禁止用湿手拔、插电源插头，拔、插电源插头时手指不得接触触头的金属部分，也不能用湿手更换电气元件或灯泡。

（25）对于经常手拿使用的家用电器（如电吹风、电烙铁等），切忌将电线缠绕在手上使用。

（26）对于接触人体的家用电器，如电热毯、电油帽、电热足鞋等，使用前应通电试验检查，确无漏电后才接触人体。

（27）禁止用拖导线的方法来移动家用电器；禁止用拖导线的方法来拔插头。

（28）使用家用电器时，先插上不带电侧的插座，最后才合上刀闸或插上带电侧插座；停用家用电器则相反，先拉开带电侧刀闸或拔出带电侧插座，然后才拔出不带电侧的插座（如果需要拔出的话）。

（29）如遇紧急情况需要切断电源导线时，必须用绝缘电工钳或带绝缘手柄的刀具。

（30）抢救触电人员时，首先要断开电源或用木板、绝缘杆挑开电源线，千万不要用手直接拖拉触电人员，以免连环触电。

（31）家用电器除电冰箱这类电器外，都要随手关掉电源特别是电热类电器，要防止长时间发热造成火灾。

（32）严禁使用床开关。除电热毯外，不要把带电的电气设备引上床，靠近睡眠的人体。即使使用电热毯，如果没有必要整夜通电保暖，也建议发热后断电使用，以保安全。

（33）家用电器烧焦、冒烟、着火，必须立即断开电源，切不可用水或泡沫灭火器浇喷。

（34）对室内配线和电气设备要定期进行绝缘检查，发现破损要及时用电工胶布包缠。

（35）在雨季前或长时间不用又重新使用的家用电器，用500伏摇表测量其绝缘电阻应不低于1兆欧，方可认为绝缘良好，可正常使用。如无摇表，至少也应用验电笔经常检查有无漏电现象。

（36）对经常使用的家用电器，应保持其干燥和清洁，不要用汽油、酒精、肥皂水、去污粉等带腐蚀或导电的液体擦抹家用电器表面。

（37）家用电器损坏后要请专业人员送修理店修理，严禁非专业人员在带电情况下打开家用电器外壳。

二、夏季安全用电常识

夏季高温炎热，而此时家用电器使用频繁。高温季节，人出汗多，手经常是汗湿的，而汗是导电的，出汗的手与干手的电阻不一样。因此，在同样条件下，人出汗时触电的可能性和严重性均超过不出汗。所以，在夏季要特别注意。

不要用手去移动正在运转的家用电器，如台扇、洗衣机、电视机等。如需搬动，应关上开关，并拔去插头。

不要赤手赤脚去修理家中带电的线路或设备。如必须带电修理，应穿鞋并戴手套。

对夏季使用频繁的电器，如电淋浴器、台扇、洗衣机等，要采取一些实用的措施，防止触电。如经常用电笔测试金属外壳是否带电，加装触电保安器（漏电开关）等。

夏季雨水多，使用水也多，如不慎家中浸水，首先应切断电源，即把家中的总开关或熔丝断开，以防止正在使用的家用电器因浸水、绝缘损坏而发生事故。切断电源后，将可能浸水的家用电器，搬移到不浸水的地方，防止绝缘浸水受潮，影响今后使用。如果电器设备已浸水，绝缘受潮的可能性很大，在再次使用前，应对设备的绝缘用专用的摇表测试绝缘电阻。如达到规定要求，可以使用，否则要对绝缘进行干燥处理，直到绝缘良好为止。

三、冬季安全用电常识

冬季天干物燥本就是个易失火的季节，不少家庭为了使家里温暖便用上了电暖气、浴霸、空调等功率高的电器，这样就容易出现用电安全问题。

（一）用电看负荷

根据有关规定，居民所用电线每 3 年需检查一次。居民在使用电暖器、空调等采暖器前，尤应注意电器上标注的最大电流、电阻数值，并将家中所用电器的这些数值相加后与自家电度表的电流标注值做比较，前者应小于后者才可放心使用，否则就会出现线路超负荷工作，导致用电危险情况的发生。如果是前者的数值大于后者，那就应该错时使用电器，以防发生不测。

（二）电线莫压，插头常擦

在使用电器时，一定要注意一些小的细节，这样才能保证用电安全。电器的电线不要被重物压住，否则可能会造成电线折断或者绝缘外表破损，这样容易使电线短路或漏电；电器插头应常擦拭，否则就会在插头两极逐渐积满灰尘或产生铜绿，这样就增加了电阻进而易产生火灾；家里的保险丝如果熔断千万不能以铜丝等高熔点金属丝替代，否则起不到保险作用；不能充电的电池干电池不能拿来充电，否则会有爆炸的危险；在插拔插头时要着力于插头，不要紧拉电线，否则会造成电线松动引起火灾。

（三）如此情况应警觉

在出现用电事故前，电器一般都会出现以下情况，应对此加以警觉，如电器马达过热、皮带机卡死空转、电暖器上覆盖湿物、电线老化有破损、屋内有长明灯等。

第三节 触电急救

一、触电的现场急救处理

当触电者脱离电源后，急救者应根据触电者的不同生理反应进行现场急救处理。

（1）触电者神志清醒，但感乏力、心慌、呼吸促迫、面色苍白。此时应将触电者躺平就地安静休息，不要让触电者走动，以减轻心脏负担，并应严密观察呼吸和脉搏的变化。若发现触电者脉搏过快或过慢应立即请医务人员检查治疗。

（2）触电者神志不清，有心跳，但呼吸停止或极微弱地呼吸时，应及时用抬颏法使气道开放，并进行口对口人工呼吸。如不及时进行人工呼吸，将由于缺氧过久从而引起心跳停止。

（3）触电者神志丧失、心跳停止，但有微弱的呼吸时，应立即进行心肺复苏急救。不能认为尚有极微弱的呼吸就只有做胸外按压，因为这种微弱的呼吸起不到气体交换的作用。

（4）触电者心跳、呼吸均停止时，应立即进行心肺复苏急救，在搬移或送往医院途中仍应按心肺复苏规定进行急救。

（5）触电者心跳、呼吸均停，并伴有其他伤害时，应迅速进行心肺复苏急救，然后再处理外伤。对伴有颈椎骨折的触电者，在开放气道时，不应使其头部后仰，以免造成高位截瘫，因此应用托颏法。

（6）当人遭受雷击时，由于雷电流将使心脏除极，脑部产生一过性代谢静止和中枢性无呼吸。因此受雷击者心跳、呼吸均停止时，应进行心肺复苏急救，否则将发生缺氧性心跳停止而死亡。不能因为雷击者的瞳孔已放大，而不坚持用心肺复苏进行急救。

二、人工呼吸触电急救法

（一）胸外心脏按压法

心脏按压是有节律地按压胸骨下部，间接压迫心脏，排出血液，然后突然放松，让胸骨复位，心脏舒张，接受回流血液，用人工维持血液循环。其要领如下。

挤压胸骨下段，心脏在胸骨与脊柱之间被挤压，血液排出放松时，心脏因静脉回流而充盈。

（1）将触电者仰卧在硬板上或地面上，不能卧在软床上或垫上厚软物件，否则会抵消挤压效果。

（2）压胸位置是一只手掌根部放在触电者的心窝口上方，另一只手掌作辅助。抢救者跪在触电者腰旁，操作过度疲劳时可以交换位置。掌根压胸，位置在心窝口的稍上方。

（3）按压方法：压胸的一只手，在预备动作时略弯，然后向前压胸，呈90°，完成动作后，突然放松（向后一缩），如此循环下去。

（4）按压时触摸大动脉是否有脉搏，如果没有脉搏，应加大按压力度，减慢挤压速度，应注意力度适中，不要过力。

胸外心脏按压法口诀：掌根下压不冲击，突然放松手不离；手腕略弯压一寸，一秒一次较适宜。

（二）对口吹人工呼吸法

用人工方法使气体有节律地进入肺部，再排出体外，使触电者获得氧气，排出二氧化碳，人为地维持呼吸功能。其要领如下。

（1）将触电者仰卧，使头部尽量后仰（先拿走枕头）。操作者腰旁侧卧，一手抬高触电者下颌，使其口张开。用另一只手捏住触电者的鼻子，保证吹气时不漏气。但是，如果在触电者口上盖一块手帕，可能影响吹气效果。头部后仰，使嘴张开，然后口对口吹气。

（2）操作者用中等度深呼吸，把口紧贴触电者的口，缓慢而均匀地吹气，使触电者胸部扩张。胸部起伏过大，容易把肺泡吹破；胸壁起伏过小，则效果不佳。因此要观察胸部起伏程度来掌握吹气量。

（3）吹气速度，对成人是吹气2秒，停3秒，5秒一次。成年人每分钟 12～16 次，对儿童是每分钟吹气 18～24 次。

（4）触电者嘴不能掰开时，可进行口对鼻吹气。方法同上，只是要用一只手封住嘴以免漏气。

对口吹的口诀：张口捏鼻手抬颌，深吸缓吹口对紧；张口困难吹鼻孔，五秒一次坚持吹。

触电者心跳、呼吸都停止时，应同时进行胸外心脏按压和口对口人工呼吸。如果有两个操作者，可以一人负责心脏按压，另一人负责对口吹气。操作时，心脏按压 4～5 次，暂停，吹气一次，叫 4 比 1 或 5 比 1。如果只有一个操作者，操作时最好是 2 次很快地肺部吹气，接着进行 15 次胸部挤压，叫 15 比 2。肺部充气时，不应按压胸部，以免损伤肺部和降低通气的效果。

（三）摇臂压胸呼吸法

（1）使触电者仰卧，头部后仰。

（2）操作者在触电者头部，一条腿跪姿，另一条腿半蹲。两手将触电者的双手向后拉直，压胸时，将触电者的手向前顺推，至胸部位置时，将两手向胸部靠拢，用触电者两手压胸部。在同一时间内还要完成以下动作：跪着的一只脚向后蹬（成前弓后箭状），半蹲的前脚向前倒，然后用身体重量自然向胸部压下。压胸动作完成后，将触电者的手向左右扩张。完成后，将两手往后顺向拉直，恢复原来位置。

（3）压胸时不要有冲击力，两手关节不要弯曲，压胸深度要看对象，对小孩不要用力过猛，对成年人每分钟完成 14～16 次。

摇臂压胸式的口诀：单腿跪下手拉直，双手顺推向胸靠；两腿前弓后箭状，胸压力量要自然；压胸深浅看对象，用力过猛出乱子；左右扩胸最要紧，操作要领勿忘记。

（四）俯卧压背呼吸法（此法只适宜触电后溺水、肚内喝饱了水的情况）

（1）使触电者俯卧，触电者的一只手臂弯曲枕在头下，脸侧向一边，另一只手在头旁伸直。操作者跨腰跪，四指并拢，尾指压在触电者背部肩胛骨下（相当于第七对肋骨）。

（2）压时，操作者手臂不要弯，用身体重量向前压。向前压的速度要快，向后收缩的速度可稍慢，每分钟完成14~16次。

（3）触电后溺水，可将触电者面部朝下平放在木板上，木板向前倾斜10°左右，触电者腹部垫放柔软的垫物（如枕头等），这样，压背时会迫使触电者将吸入腹内的水吐出。

俯卧压背法的口诀：四指并拢压一点，挺胸抬头手不弯；前冲速度要突然，还原速度可稍慢；抢救溺水用此法，倒水较好效果佳。

三、人工呼吸触电急救的注意

（一）人工呼吸法的选择

（1）有轻微呼吸和轻微心跳，不用做人工呼吸，观察其病变，可用油擦身体，轻轻按摩。

（2）有心跳，无呼吸，用对口吹。

（3）有呼吸，无心跳，用胸外心脏按压法。

（4）呼吸、心跳全无，用胸外心脏按压与对口吹配合抢救，这是目前国内推广的最佳方法。

（5）触电后溺水，肚内有水，用俯卧压背式。

（二）做人工呼吸法之前须注意的事项

（1）松衣扣、解裤带，使触电者易于呼吸。

（2）清理呼吸道，将口腔内的食物以及可能脱出来的假牙取出，若口腔内有痰，可用口吸出。

（3）维持好现场秩序，非抢救人员不准围观。

（4）派人向医院、供电部门求援，但千万不要打强心针。触电者的心脏是纤颤的（即剧烈收缩），而强心针是刺激心脏收缩的药物，若替触电者打强心针，是加速其心脏收缩，无异于火上加油，加速死亡。

第二章　农民防火安全常识

第一节　火灾的预防

一、防患于未然是预防火灾的关键

"预防为主，防消结合"是我国消防工作的方针，这一方针使防火与消火紧密结合，相辅相成，争取了同火灾作斗争的主动权。所谓"消"，就是消灭、扑灭火灾；所谓"防"，就是防止、预防火灾。消防工作就是扑灭火灾、预防火灾。预防火灾的发生，创造良好的消防安全环境，是全民和全社会的事，涉及千家万户、各行各业，与每个人都有密切的关系。火灾对人造成的伤害，主要是高温烧伤、窒息、烟中毒、爆炸冲击波伤、电击伤、砸伤、摔伤等。在火灾发生的同时，有时还伴随着化学物质、有毒物、放射性物燃烧或爆炸等恶性事故，这类火灾的危害比单纯的火灾更为复杂和严重。所以，必须从自我做起，从身边做起，重视并做好火灾的预防工作，这是全体公民应尽的社会责任。

古人说："明者远见于未萌，而知者避危于无形，祸固多藏于隐微而发于人之所忽者也。"意思是：明智的人在事故发生前就有了预见，有智慧的人在危险还没有形成的时候就避开了，灾祸本来就大多藏在隐蔽不易发现的地方，而突发在人的忽略之处。这句话对学习逃生有着非常重要的借鉴意义。

逃生的关键就是要防患于未然，能"远见于未萌，避危于无形"。而熟悉、了解能够对人的生命造成危害的灾难，是避危于无形的第一步。

综观许多灾难事故，都在发生前就显露出了隐患。据媒体报道，四川泸州发生的天然气爆炸事故，事发9天前当地居民就闻到了刺鼻的天然气味，并报告了天然气管理站，但未被重视，最终造成爆炸，酿成惨剧。还有前些年的克拉玛依大火，如果组织者能够做到明察秋毫、临危不乱，火灾也不会发生，至少在火灾现场中也不会有那么多无辜的生命因挤踏而死亡。

类似的教训还有许多。如果相关责任人能见微知著，提前排查出安全隐患，并及时消除，则完全能够避免事故的发生。

为了加强对火灾隐患的排除，国家已经制定了相关的法律法规来对火灾进行界定。《消防监督检查规定》第三十八条规定：具有下列情形之一的，应当确定为火灾隐患：

第一，影响人员安全疏散或者灭火救援行动，不能立即改正的；

第二，消防设施不完好，会影响防火灭火功能的；

第三，擅自改变防火分区，容易导致火势蔓延、扩大的；

第四，在人员密集场所违反消防安全规定，使用、储存易燃易爆化学物品，不能立即改正的；

第五，不符合城市消防安全布局要求、影响公共安全的；

第六，其他可能增加火灾实质危险性或者危害性的情形。

重大火灾隐患按照国家有关标准认定。

有以下几方面情形，且情况严重，可能导致重大人员伤亡或者重大财产损失的，确定为重大火灾隐患。

（1）建筑物方面，建筑选址不当，布局不合理，防火间距不足；建筑物结构、耐火等级、层数、面积与使用性质不相适应、违反或不符合有关消防技术规范，易引发火灾爆炸，却未采取相应措施或设置不当；安全出口数目不足、疏散宽度过小、距离过远、通道堵塞。

（2）物资储运方面，物资存放过密、过多，超过额定库存量，防火间距不足，无检查通道，通风不良，易受潮、蓄热；易燃易爆化学物品储存、运输和包装方法不符合防火灭火要求；露天堆场地点选择不当，堵塞消防车通道，大储量的堆场未分组布置，堆垛过高，缺少必要的防火间距，如造纸原料堆场等。

（3）电气设备方面，建筑物、储罐、堆场的消防用电设备不按照国家有关规定选择相应的消防供电负荷等级；不按环境选择导线和铺设方式，截面与负荷量不相适应，电气线路乱拉乱接，导线破损等；照明灯具与使用场所不相适应，或与可燃物相邻；配电盘材质与使用环境不符，接线零乱，导线选型不符合要求；用电设备安装使用不合要求，选型与使用场所不相适应，缺乏安全装置。

（4）消防安全防护方面，应设围墙、防火墙、防火门、防火卷帘门、防火窗以及封闭、防烟楼梯间等的场所而未设置，或者违章改变防火分区，防火门、防火卷帘、防火阀等防火分隔设施缺少、损坏或有故障；疏散指示缺少、损坏或者标识错误，影响人员安全撤离；易燃易爆物质的生产、储存设备与建（构）筑物等应设置安全装置（如火星熄灭器、安全阀等）而未设置；应安装导除静电装置的设备而未安装或失灵；应有避雷设施的场所，未安装或失效；电器产品、燃气用具的安装或者线路、管路的铺设不符合安全技术规定，都会危及消防安全。

（5）明火作业方面，火源或热源靠近可燃物体或其他可燃物质；在明火作业场所存放易燃物质，未清除或者采取安全防护措施的情况下，进行明火作业；在具有火灾、爆炸危险的场所违反禁令吸烟、使用明火的；电能、光能、机械能、化学能等可转化为热能的场所，未采取相应的消防安全技术措施，易引起火灾爆炸事故。

（6）消防器材设施方面，消防水源、消火栓、消防水泵缺乏或者损坏；按照有关消防技术规范，应当设置火灾自动报警、自动灭火等自动消防设施，而没有按照要求安装，或者已经安装但是却发生了故障、缺损，不能正常运行；消防器材缺乏，配备的数量及其性能与使用场所虽然互相适应，但是其放置的位置不适当或者已经损坏；室外消防设施被埋压、圈占、损坏而使其使用受到影响。

（7）生产、储存、运输设备方面，设备达不到设计要求，密封或承压性能差，出现设备变形、破裂，或"跑、冒、滴、漏"；设备受腐蚀、机械力作用破坏；选用设备与使用介质不符。

（8）人员安排方面，重点单位、部位或场所，应建立消防安全组织和配备专职消防人员而未建立或未配备；未按要求建立防火安全规章制度和操作规程或不健全不落实；重点单位消防设施管理值班人员或消防安全巡查人员脱岗；重点工种、特殊岗位人员未经消防培训上岗操作；管理不善、违反消防安全规定。

对于可预见性的安全隐患，一旦发现问题，一定要及时消除，从根本上消除火灾发生的可能性，从而减少火灾的发生。

做好火灾的预防工作就要从我们身边的一点一滴做起，无论任何场所都要加强防火意识，切实落实防火措施。

二、家庭火灾的预防

为了给自己和亲人营造一个安全的家，人们应该主动消除家中的各种火灾隐患，平时在使用明火时要时刻注意防火，做到不躺在沙发或床上吸烟，不随便乱扔未熄灭的烟头；吸剩的烟头一定要放在烟灰缸里，而且烟灰缸要经常清理；点燃的蜡烛不能放在可燃物上，更不能点着蜡烛就离开家；火柴、打火机等东西应放在儿童够不着的地方，平时应给孩子讲解防火知识，教育孩子不要玩火；在使用蚊香或蜡烛时，要放在非燃烧物的专用支架上，不得靠近蚊帐、床单、衣服等可燃物，防止因风吹而相互接触引起燃烧，人离开时要将蚊香或蜡烛熄灭。

我国每年春节期间火灾频发，其中80%以上的火灾事故是由燃放烟花爆竹所引起。防止烟花爆竹引发火灾也非常重要。

购买烟花爆竹时，要到指定商店去购买有生产厂名、商标、燃放说明的产品。不在禁放烟花爆竹区燃放烟花爆竹。不在电线下面、工厂、仓库、公共场所、易燃房屋、建筑工地、草堆、粮囤、加油站及其他重要场所内燃放，也不能在窗口、阳台、室内燃放。燃放升高的烟花爆竹要注意落地情况，如落在可燃物上，并仍有余火，应立即采取措施将余火扑灭。不携带烟花爆竹乘坐汽车、火车、飞机、轮船等。买回家的烟花爆竹应存放在安全地点，不要靠近灯泡、热源、电源，以防自行燃烧、爆炸。

还要懂得安全用电和安全用气。安全用电主要涉及家用电器的使用及线路的维护。要时常检查家中的各种电器和线路，杜绝电气火灾。电暖器、取暖炉等要远离家具、电线、电器设备等；睡觉前或家中无人时，要切断电视机、收录机、电风扇等家用电器的电源；接通电烙铁的电源后，人员不要离开；不要把衣物、纸张等易燃物品靠近电灯、电暖气和炉火等；如果发现墙上电闸盒保险丝熔断、灯光闪烁、电视图像不稳、电源插座发烫、开关或电源插座冒火星等，要立即请电工进行检查修理，因为这些迹象都说明可能是电气线路超负荷或是配线有误；电插座、开关附近也不要堆放可燃、易燃物品。另外，买回新的电器之后，应认真阅读使用说明书，正确使用电器。晚上睡觉前，特别是离家外出时间较长时，如旅游、走亲访友等，应检查电视机、电暖器、微波炉等电器开关是否已切断。及时清理电视机、空调、电冰箱等各种家用电器散热板上的灰尘，防止灰尘积聚，堵住散热孔引发事故。各种电器的安全接地保护也很重要。只要平时注意检查各种电器及线路的使用状态，发现隐患及时处理，就能有效地降低家庭电器火灾的危险。

安全用气主要是管理好厨房燃气和灶具，杜绝厨房火灾。多数家庭火灾发生在厨房，做饭时人尽量不要离开，灶具开着时不能长时间无人看管；不要把食品、毛巾、抹布等放在灶具上；烧水做饭时注意不要让溢出物浇灭炉火；要经常清除炉具上的油污和溢出的食物；学会用锅盖或大盘子扑灭较小的油火，千万不要往油火上泼水；燃气灶具冒出的火星会引燃汽油、油漆、干洗剂等挥发出的气体，应避免把这些东西放在厨房内，更不要把它们放在炉具上；晚上睡觉或者白天出门前，一定要检查炉灶，关好燃气开关，以免燃气泄漏发生火灾和爆炸。

防止家庭火灾还要把好装修关，杜绝火灾隐患。居民装修过程中必须把好五关：一是严把材料关，尽量不用或少用易燃、可燃材料，尽量采用经过防火处理的材料；二是把好通道关，保持方便快捷的通道；三是把好电气线路关，做好绝缘保护；四是把好施工队伍关，确保施工人员素质；五是把好施工中的管理关，避免火灾隐患。

三、山林火灾的预防

山林是国家和集体的宝贵财富，一旦发生火灾，损失巨大。要防止山林火灾的发生，首先，要杜绝人为火种，要严格遵守山林管理的规章制度，不准在山林地区吸烟、野炊和举行篝火晚会等活动。其次，也要采取一定的保障措施，如在山林周围设置一定宽度的隔离带，防止汽车漏气、扔烟头等引起火灾。最后，要及时对山林内的采伐剩余物进行清除，山林采伐可能会将大量的剩余物堆放或散落在林内，这样可燃物的积累就会越来越多，不及时清除，极易引起火灾。

第二节　火灾的扑救与自救

一、火灾的扑救

（一）尽早通知他人和报警

具体地说就是发现火情后，即使火不大，也不要一个人或一家人来灭火，而应尽快通知他人，这一点很重要。因为火灾的突发、多变等特性导致火势随时会扩大或蔓延。尽早通知别人，一方面可以唤起别人的警惕，及时采取措施；另一方面还可以寻求他人的帮助，更有利于尽快将火扑灭。通知他人时，应该大声呼喊"着火啦"，如果因紧张喊不出声音，可以拍打水壶、碗盆等可发出"嘭嘭"响的东西，以引起别人的注意。

除了通知他人以外，还应及时报警，火再小也要报警。因为火势的发展往往是不可预知的，不同的火源应采取不同的扑救方法。扑救方法不当或灭火器材有限等都有可能酿成无法控制的火灾。所以，必须及时报警。不过，如果正忙于初期灭火，可以让其他人去报警。

《中华人民共和国消防法》第四十四条规定："任何人发现火灾都应当立即报警。任何单位、个人都应当无偿为报警提供便利，不得阻拦报警。严禁谎报火警。"所以，一旦失火，要立即报警，报警越早，损失越小。我国的火警电话是"119"。拨打

"119"时要沉着、冷静，电话接通后，首先应询问对方是不是消防指挥中心，得到肯定答复后方可报警。

在没有电话或没有消防队的地方，如农村和边远地区，可采用敲锣、吹哨、喊话等方式向四周报警，动员街坊四邻来灭火。

（二）火灾初期灭火

火灾初期，火势较小，火只是在地面等横向蔓延，这时是灭火的最佳时机。据消防专家研究统计，初期灭火能否成功，关键就看着火后的前3分钟。火焰一旦蔓延到纵向表面，就会很快到达顶棚，那时就不能再扑救了，而应尽快逃生。因此在发生火灾的3分钟内重要的是不要惧怕火焰，要勇敢、沉着地进行灭火。

灭火，顾名思义就是破坏燃烧条件使燃烧反应终止的过程。其基本原理归纳为以下4个方面：冷却、窒息、隔离和化学抑制。

（1）冷却灭火，对一般可燃物来说，能够持续燃烧的条件之一就是它们在火焰或热的作用下达到了各自的着火温度。因此，对一般可燃物火灾，将可燃物冷却到其燃点或闪点以下，燃烧反应就会中止。水的灭火机理主要是冷却作用。

（2）窒息灭火，各种可燃物的燃烧都必须在其最低氧气浓度以上进行，否则燃烧不能持续进行。因此，通过降低燃烧物周围的氧气浓度可以起到灭火的作用。通常使用的二氧化碳、氮气、水蒸气等的灭火机理主要是窒息作用。

（3）隔离灭火，把可燃物与引火源或氧气隔离开来，燃烧反应就会自动中止。火灾中，关闭有关阀门，切断流向着火区的可燃气体和液体的通道；打开有关阀门，使已经发生燃烧的容器或受到火势威胁的容器中的液体可燃物通过管道导向安全区域，都是十分有效的隔离灭火的措施。

（4）化学抑制灭火，所谓化学抑制灭火，就是使用灭火剂与链式反应的中间体自由基反应，从而使燃烧的链式反应中断，使燃烧不能持续进行。常用的干粉灭火剂、卤代烷灭火剂的主要灭火机理就是化学抑制作用。

（三）学会用灭火器灭火

发生火灾时，要尽快利用身边的灭火工具进行灭火。如果身旁有灭火器，应该用灭火器灭火。灭火器是消灭火灾迅速快捷的有效武器。配置灭火器，一是可以及时扑灭初期火灾，只要灭火及时、方法正确，一般都可以将火扑灭。二是可以争取有利时机，予以疏散、逃生，不至于小火酿成大灾。用灭火器灭火时，不是将灭火药剂喷在正在燃烧的火焰上，而是要瞄准火源。由于各类灭火器的规格不同，灭火喷射时间也不一样，一般只有 10~40 秒。所以，开始灭火时就要瞄准方向，不要被向上燃烧的火焰和烟气所迷惑，而应对准燃烧物，用灭火器扫射。

二、火灾的逃生

（一）保持冷静，切勿慌乱

发生火灾后，情况往往比较危急，许多人都来不及思考，加上环境的混乱，非常容易在火海中乱走乱转，从而延误逃生的最佳时机。因此，这就要求我们要了解和熟悉我们经常或临时所处建筑物的消防安全环境。对我们通常工作或居住的建筑物，事先可制订较为详细的火灾逃生自救计划，以及进行必要的逃生训练和演练。对确定的逃生出口、路线和方法，要让所有成员都熟悉，而且必须要掌握。必要时可把确定的逃生出口和路线绘制成图，张贴在明显的位置，以便平时大家了解和熟悉，一旦发生火灾，则按逃生计划顺利逃出火场。当人们外出，走进商场、宾馆、酒楼、歌舞厅等公共场所时，要留心看一看太平门、安全出口、灭火器的位置，以便遇到火灾时能及时疏散和灭火。只有警钟长鸣，养成习惯，才能处险不惊，临危不乱。

火灾的发展和蔓延比较迅速，超乎人们的想象，面对越来越凶猛的火势，一定要保持冷静，保持头脑清晰，以便在最短的时间做出正确的判断。在烈火和浓烟的环境中，受困者往往会表现出高度紧张、极度恐惧和急切求生的心理和行为。火场中的惊慌状态，往往使人不能自控，失去理智，导致判断失误、报警不及时、逃生方式不合理等，有人甚至因惊吓而死亡。对受困者来说，烈火不是最强大的敌人，真正强大的敌人是受困者本人的惊慌。因此，在火灾现场保持镇静，克服恐惧心理，用理智来支配自己的行为，就显得特别重要。可以说，只有保持理智才可能求生有望。在产生惊慌时，可采用自我暗示法，如反复默念"我要冷静！""我要冷静！""我有办法逃出去！"等，以此来缓解紧张情绪，然后对火场情况做出准确判断，选择正确的方法逃生自救。

（二）积极逃生，迅速撤离

发生火灾后，一定要迅速撤离火灾场所。逃生行为是争分夺秒的行动，哪怕一分之差也可能会丧失逃生的机会。一旦听到火灾警报或意识到自己可能被烟火包围，千万不要迟疑，要立即跑出房间，设法脱险，切不可延误逃生良机。火情瞬息万变，哪怕一分一秒，有时也会决定生与死。在火场中，人的生命是最珍贵的，时间就是生命，逃生是第一要务，要就近利用一切可以利用的工具、物品，想方设法迅速撤离火灾危险区。

（三）注意防烟，切莫哭闹

发生火灾后，容易产生烟雾，影响我们逃离的视线，很难辨明方向，而且吸入烟气过多还容易窒息，从而导致死亡。因此，当火灾发生时，在已准确判断火情的前提下，必须冷静机智地运用各种防烟手段进行防护，想尽办法冲出烟火区域。

火场上烟气都具有较高的温度，所以安全通道的上方，烟气浓度大于下部，特别是贴近地面处烟气浓度最低。疏散中穿过烟气弥漫区域时，以低姿行进为好。例如弯腰、蹲姿、爬姿等。剧烈的运动可增大肺活量，当采取猛跑方式通过烟雾区时，不但会增大烟气等毒性气体的吸入量，而且容易产生由于视线不清所致的碰壁、跌倒等事故。因此，通过烟雾区不宜采用速度过快的方式。

值得注意的是在烟气弥漫能见度极差的环境中逃生疏散，应低姿细心搜寻安全疏散指示标志和安全门的闪光标志，按其指引的方向稳妥行进，切忌只顾低头乱跑或盲目地喊叫。

当必须通过烟火封锁区域时，应用水将全身淋湿，衣服裹头，湿毛巾或手帕掩口鼻或在喷雾水枪掩护下迅速穿过。

（四）寻找出口，切勿盲从

在寻找出口的时候，切忌盲目跟随他人乱跑，否则不仅会造成疏散堵塞，还有可能会被踩压或走进死胡同，造成疏散延误和群死群伤。

（五）善于观察，灵活出逃

在出逃过程中可能因为火势浓烟的阻挡，容易造成通路封锁的现象，这时候不要坐以待毙，要谨慎观察，利用各种地形、设施选择各种比较安全的办法下楼。首先是通过正常楼梯下楼，如果没有起火，或火势不大，可以用水浸湿的毯子、棉被包裹全身后，快速从楼梯冲下去。如果楼梯脱险已不可能，可利用墙外排水管下滑或用绳子顺绳而下，二楼、三楼可将棉被、席梦思垫等扔到窗外，然后跳在这些垫子上。跳楼时，可先爬到窗外，双手拉住窗台，再跳。这样可降低高度，还可保持头朝上体位，减少内脏，特别是头颅损伤。

（六）设法暂避，紧急求救

在无路可逃的情况下，应积极寻找暂时的避难处所，以保护自己，并择机而逃。如果在综合性多功能大型建筑物内，可利用设在走廊末端以及卫生间附近的避难间，躲避烟火的危害。如果处在没有避难间的建筑里，被困人员应创造避难场所与烈火搏斗，求得生存。首先，应关紧房间迎火的门窗，打开背火的门窗，但不要打碎玻璃。窗外有烟进来时，要赶紧把窗子关上。如门窗缝或其他孔洞有烟进来时，要用毛巾、床单等物品堵住，或挂上湿棉被、湿毛毯、湿床单等难燃物品，并不断向迎火的门窗及遮挡物上洒水，最后淋湿房间内一切可燃物，一直坚持到火灾熄灭。被烟火围困暂时无法逃离的人员，应尽量待在阳台、窗口等易于被人发现和能避免烟火近身的地方，主动与外界联系，以便及早获救。

（七）谨慎跳楼，减轻伤亡

身处火灾烟气中的人，精神上往往陷于极端恐怖和接近崩溃的状态，惊慌的心理极易导致不顾一切的伤害性行为，如跳楼逃生。应该注意的是，只有消防队员准备好救生气垫并指挥跳楼时或楼层不高（一般4层以下），非跳楼即烧死的情况下，才采取跳楼的方法。即使已没有任何退路，若生命还未受到严重威胁，也要冷静地等待消防人员的救援。另外跳楼也要讲技巧，跳楼时应尽量往救生气垫中部跳或选择有水池、软雨篷、草地等方向跳；如有可能，要尽量抱些棉被、沙发垫等松软物品或打开大雨伞跳下，以减缓冲击力。如果徒手跳楼一定要扒窗台或阳台使身体自然下垂跳下，以尽量降低垂直距离，落地前要双手抱紧头部身体弯曲蜷成一团，以减少伤害。

三、火场自救

（一）借助工具进行自救

学会利用一些逃生工具进行自救。最简单的逃生工具莫过于湿毛巾。一块普通的毛巾，也许看来没有什么大用，但是一旦发生火灾，它的作用不可估量，可给我们的出逃提供重要条件，甚至可以因此扭转生机。

湿毛巾可以作为"空气呼吸器"。湿毛巾在火场中过滤烟雾的效果极佳。含水量在自重 3 倍以下的普通湿毛巾，如折叠 8 层，烟雾消除率可达 60%，如折叠 16 层，则可达 90% 以上。

湿毛巾还可以做"简易灭火器"。液化气钢瓶口、胶管、灶具或煤气管道失控泄漏起火，可将湿毛巾盖住起火部位，然后关闭阀门，即可化险为夷。如遇小面积失火时，用湿毛巾覆盖火苗，便可窒息灭火。

湿毛巾也是"密封条"。当火场中无路可逃时，如有避难房间可躲避烟雾威胁，为防止高温烟火从门窗缝或其他孔洞进入房间，可用湿毛巾或床单等物堵塞缝隙或孔洞，并不断向靠近烟火的门窗及遮挡物洒水降温，以延长门窗被烧穿的时间。

湿毛巾同样可以作为"救助信号"。被困在火场中的人员在窗口挥动颜色鲜艳的毛巾，可引起救援人员的注意。

湿毛巾同样可以作为"保护层"。在火场中搬运灼热的液化气钢瓶等物体时，为避免烫伤，可垫上一条湿毛巾再搬运。结绳自救时，为防止下滑过程中绳索摩擦发热灼伤手掌，在手掌上缠一条湿毛巾便可安然无恙。

可见，不管是什么工具，只要学会利用，都会给逃生提供很多的便利。

（二）火灾自救的方法

当大火降临时，在众多被火围困的人员中，有的人命赴黄泉，有的人跳楼造成终身残疾，也有人化险为夷，死里逃生。这虽然与起火时间、地点、火势大小、建筑物内消防设施等因素有关，但还要看被火围困的人员，在灾难临头时有没有自救逃生的本领。

1. 熟悉环境法

要了解和熟悉经常或临时所处建筑物的消防安全环境。对通常工作或居住的建筑物，事先可制订较为详细的火灾逃生自救计划，以及进行必要的逃生训练和演练。对那些已经确定了的逃生出口、路线和方法，要让所有成员都将其熟悉掌握。必要时可以把确定的逃生出口和路线绘制成图，张贴在明显的位置，以便平时大家熟悉，一旦发生火灾，则可以按逃生计划顺利逃出火场。当人们外出，走进商场、宾馆、酒楼、歌舞厅等公共场所时，要留心看一看太平门、安全出口、灭火器的位置，以便遇到火灾时能及时疏散和灭火。只有警钟长鸣，养成习惯，才能处险不惊，临危不乱。

2. 迅速撤离法

逃生行动是争分夺秒的行动，一旦听到火灾警报或意识到自己可能被烟火包围，千万不要迟疑，要立即跑出房间，设法脱险，切不可延误逃生良机。

3. 毛巾保护法

火灾中产生的一氧化碳在空气中的含量超过 1.28% 时，即可导致人在 1~3 分钟内窒息死亡。同时，燃烧中产生的热空气被人吸入，会严重灼伤呼吸系统的软组织，严重的甚至可以导致人员窒息死亡。逃生的人员多数要经过充满浓烟的路线才能离开危险的区域，可把毛巾浸湿，叠起来捂住口鼻，如果来不及把毛巾弄湿，用干毛巾也可以达到过滤烟气的效果。身边如没有毛巾，餐巾布、口罩、衣服也可以代替，要多叠几层，使滤烟面积增大，将口鼻捂严。穿越烟雾区时，即使感到呼吸困难，也不能将毛巾从口鼻上拿开。

4. 通道疏散法

楼房着火时，应根据火势情况，优先选用最便捷、最安全的通道和疏散设施，如疏散楼梯、消防电梯、室外疏散楼梯等。从浓烟弥漫的建筑物通道向外逃生，可向头部、身上浇些凉水，用湿衣服、湿床单、湿毛毯等将身体裹好，要低势行进或匍匐爬行，穿过险区。如无其他救生器材时，可考虑利用建筑的窗户、阳台、屋顶、避雷线、落水管等脱险。

5. 低层跳离法

如果被火困在 2 层楼内，若无条件采取其他自救方法并得不到救助，在烟火威胁、万不得已的情况下，也可以跳楼逃生。但在跳楼之前，应先向地面扔些棉被、枕头、床垫、大衣等柔软物品，以便"软着陆"。然后用手扒住窗台，身体下垂，头上脚下，自然下滑，以缩小跳落高度，并使双脚首先落在柔软物上。如果被烟火围困在 3 层以上的高层内，千万不要急于跳楼，因为距地面太高，往下跳时容易造成重伤和死亡。只要有一线生机，就不要冒险跳楼。

6. 绳索滑行法

当各通道全部被浓烟烈火封锁时，可利用结实的绳子，或将窗帘、床单、被褥等撕成条，拧成绳，用水沾湿，然后将其拴在牢固的暖气管道、窗框、床架上，被困人员逐个顺绳索沿墙缓慢滑到地面或下到未着火的楼层而脱离险境。

7. 借助器材法

人们处在火灾中，生命危在旦夕，不到最后一刻，谁也不会放弃生命，一定要竭尽所能设法逃生。逃生和救人的器材设施种类较多，通常使用的有缓降器、救生袋、救生网、救生气垫、救生软梯、救生滑竿、救生滑台、导向绳、救生舷梯等，如果能充分利用这些器材和设施，就可以在火海中成功自救逃生。

第三章　农民交通安全常识

第一节　交通安全概述

一、人行横道信号灯的指示含义

横穿马路要走人行横道，要遵守人行横道信号灯的规定。

（1）绿灯亮时，可以通过人行横道。

（2）绿灯闪烁时，不要进入人行横道，但已进入人行横道的可以继续通行。

（3）红灯亮时，不准进入人行横道。

二、养成看指挥信号的习惯

从路口经人行道过马路时，由于车辆来往频繁，所以要养成看指挥信号的习惯。

（1）红灯亮时禁止车辆通过，行人可以横过马路。需注意来往车辆，千万不要以为红灯时交叉路口没有车辆驶过就可以抢行穿越马路。

（2）黄灯亮时不准车辆、行人通过，但已超过停止线的车辆和已进入人行横道的行人，可以继续通行。

（3）绿灯亮时准许车辆通行，行人不可以横过马路。

（4）黄灯闪烁时车辆、行人须在确保安全的条件下通行。

三、遵守交通指挥棒信号

交通指挥棒是保证安全过马路的标志，所以一定要依照指挥棒的标志行路，以免发生交通事故，危及生命安全。

（1）直行信号，右手持棒举臂向右平伸，然后向左曲臂放下，准许左右两方直行的车辆通行；各方右转弯的车辆在不妨碍被放行的车辆通行的情况下，可以通行。

（2）左转弯信号，右手持棒举臂向前平伸，准许左方的车辆转弯和直行的车辆通行；右臂同时向右前方摆动时，准许车辆左转弯；各方右转弯的车辆和"T"形路口右边无横道的直行车辆，在不妨碍被放行的车辆通行的情况下，可以通行，但行人不可通行。

（3）停止信号，右手持棒曲臂向上直伸，不准车辆通行，这时行人可通行。但已越过停止线的车辆，可以继续通行。

四、手势信号的含义

在过马路时要注意交通警察的手势信号，依照信号安全过马路。

（1）直行信号，右臂（左臂）向右（向左）平伸，手掌向前，准许左右两方直行的车辆通行；各方右转弯的车辆在不妨碍被放行的车辆通行的情况下，可以通行。

（2）左转弯信号，右臂向前平伸，手掌向前，准许左方的车辆左转弯和直行的车辆通行；左臂同时向右前方摆动时，准许车辆向左小转弯；各方右转弯的车辆和丁形路口右边无横道的直行车辆，在不妨碍被放行的车辆通行的情况下，可以通行。

（3）停止信号，左臂向上直伸，手掌向前，不准前方车辆通行；右臂同时向左前方摆动时，车辆须靠边停车。

五、过马路必须遵守的法则

交通法则是使我们能够安全过马路的规则，一定要严格遵守以下法则。

（1）行人须在人行道内行走，没有人行道的，须靠边行走。

（2）横过车行道须走人行横道，通过有交通信号控制的人行横道，须遵守信号的规定；通过没有交通信号控制的人行横道，须注意车辆，不要追逐、猛跑。没有人行横道，须直行通过；不准在车辆临近时突然横穿马路。有人行过街天桥或地道的，须走人行过街天桥或地道。

（3）不准穿越、倚坐车行道和铁路道口的护栏。

（4）不准在道路上扒车、追车、强行拦车或抛物击车。

（5）列队通过道路口时，每横列不准超过2人。儿童的列队须在人行道上行进，成年人的队列可以紧靠车行道右边行进。

列队横过车行道时，须从人行横道迅速通过；没有人行横道的，须直行通过；长列队伍在必要时，可以暂时中断通过。

（6）在车辆多和易发生交通事故的路段，交通部门在马路中间设置了交通护栏。许多行人图省事，怕绕路，经常跨越栏杆横过马路，这样做，实在太危险。因为，驾驶员反应再快，猛然发生的事情也会使他措手不及。

（7）集体外出活动时，必须有秩序地排队前进。不要成群打闹、嬉戏或做其他活动。

（8）在道路上行走时，如有人在马路对面招呼你，不要贸然横穿马路，可以在路旁等候或经人行通道横过马路。

（9）走路要专心，不可以东张西望或看书、看报。

六、遵守铁路交通法则

（1）不在铁路上逗留、游逛、捡拾煤渣、酒瓶等杂物。

（2）不在铁路路基上行走、乘凉或坐卧铁轨。

（3）不要钻车、扒车、跳车。

（4）不攀登电气化铁路上的接触网支柱和铁塔，以防触电身亡。

（5）在铁路口、人行过道时，发现或听到有火车开来，应立即躲避到铁路钢轨2米以外处，严禁停留在铁路上，严禁抢行越过铁路。

（6）通过铁路道口时，必须听从道口看守人员和道口安全管理人员的指挥。

（7）通过无人看守的道口时，须止步瞭望。在确认没有列车即将通过后，才能通过。

七、遵守水上交通法则

（1）不乘坐无牌无证船舶，船舶驾驶人员、轮机人员、渡工必须持有当地港务（航）监督机关发给的驾驶证、船员证、渡工证，船舶要有船舶检验部门发给的船舶合格证书。

（2）不乘坐客船、客渡以外的船舶，客船、客渡船必须持有船名牌，画有载重线，并在明显位置标有本船载客定额数。

（3）不乘坐超载船舶和人货混装的船舶，客船、客渡船要按批准的航线和航区航行，严禁违章超载、人货混装。

（4）不乘坐冒险航行的船舶，遇到大风、大雨、洪水、浓雾等不良天气，船舶和渡船设备简陋、技术状况不良，严禁冒险航行。

（5）集体乘船时应注意上下船要排队，不得争先恐后；在船上要坐稳，不得打闹、走动；要听从船上工作人员的指挥，维护好船上秩序。

第二节　交通安全

一、步行安全

在道路上行走时，要注意以下几个方面。

（1）严守交通规则。发生交通事故的一个主要原因，是行人不依交通标志横过马路，故车祸时，行人就成了最大的受害者。所以，横过马路时，要走人行横道、地下通道或过街天桥。在设有红绿灯的路口穿过马路，要等对面绿灯亮起，不可与汽车抢道。没有交通信号控制的人行横道，须注意车辆，不准追逐猛跑。在一些小的城镇和乡间，马路不设人行横道，过马路时要一慢二看三通过，千万不能在车辆临近时突然猛跑横穿马路。察看近处是否有车驶来，要先看左边，因为首先威胁行人的是左边来的车辆。看车时要学会目测车速和距离，如果车速很快，即使相隔有较长一段距离，也宁可让它先过。通过铁路道口，要服从指挥信号和看守人员的指挥。没有信号或无看守人员的道口，通过时须看清左右，确认安全后再通行。

（2）步行在街道或公路上，要走人行道，没有人行道的地方，靠路的右边行走，不要往路的内侧靠近。

步行时精神集中，不要边走边玩，或是在车来人往的地方边听音乐（用耳塞）边走路。不要为了方便和省力，而去翻越马路或铁道口的护栏，或是在道路上扒车、追车和强行拦车，这样很容易造成事故。

（3）横穿没有交通信号灯的公路或街道时，要走人行横道

（没有人行横道的路段要直行到有人行横道的地方通过），并且注意主动避让来往车辆，不要在车辆临近时抢行。

（4）穿越没有人行横道线的马路时，要做到以下几点。第一，穿马路前，先在路边停一下。据有关专家估测，如果每个人都能在穿越马路前暂停一下，就可至少减少一半的交通事故。第二，先看左边有无来车，再看右边有无来车。因为车辆都靠右行驶，从左边过来的车辆离过马路的人距离近些，一旦漏看，潜在危险是很大的。第三，在看清确定没有车辆过来，应尽快直行通过，不要停下来，做系鞋带、捡东西之类的事情。

（5）不要翻越道路中央的安全护栏和隔离墩，不要突然横穿马路，特别是马路对面有熟人、朋友呼唤，或者自己要乘坐的公共汽车已经进站时，千万不能贸然行事，以免发生意外。

（6）不得在道路上使用滑板、旱冰鞋等滑行工具，不得在车行道内坐卧、停留、嬉闹，不得扒车、强行拦车，不得实施追车、抛物击车等妨碍道路交通安全的行为。

（7）在雾、雨、雪天，最好穿着色彩鲜艳的衣服，以便于机动车司机尽早发现目标，提前采取安全措施。下雪时行走，或走在积雪时间较长的路上，最重要的是步幅放小且保持固定步调，靠自己的步伐有节奏地走。如果积雪仅到埋过鞋子的程度，几乎不影响步伐，可如履平地般行走。若积雪深及腰部，就得用自己的脚和腰推开摆在眼前的雪，采取步步为营的走法即所谓"除雪前进的方法"，以尽量减轻疲劳。除雪前进的要诀是，将自己的身体（尤其是上半身）倾向前行方向，靠自己的体重推开雪往前进。

（8）夜间走路要防止意外事故的发生。因为夜里走路，能见度低，必须格外小心，不然，有可能会滑进路旁的阴沟里，摔进施工挖的土坑里或掉下桥、山洞，后果不堪设想。所以，夜间行走时，要尽量走自己熟悉的路段，注意观察路面的情况，及时发现异常情况，以防不测。

（9）集体外出时最好有组织、有秩序地列队行走；结伴外出时，不要相互追逐、打闹、嬉戏；行走时要专心，注意周围情况，不要东张西望、边走边看书报或做其他事情。

二、骑车安全

我国交通法规规定，未满 12 周岁，不准在道路上驾驶自行车（三轮车）。驾驶电动自行车和残疾人机动轮椅车必须年满 16 周岁。骑自行车，应当注意以下内容。

（1）要经常检修自行车，保持车况完好。车闸、车铃是否灵敏、正常，车胎、链条是否完好，这些尤其重要。

（2）骑自行车要在非机动车道上靠右边行驶，不逆行；转弯时不抢行猛拐，要提前减慢速度，看清四周情况，以明确的手势示意后再转弯。电动自行车在非机动车道内行驶时，最高时速不得超过 15 千米。

（3）不得在道路上骑独轮自行车或 2 人以上骑行的自行车。

（4）经过交叉路口，要减速慢行，注意来往的行人、车辆；不闯红灯，遇到红灯要停车等候，待绿灯亮了再继续前行。

（5）不能逞能飞车穿行；超越前方自行车时，不要靠得太近，不要速度过快，同时在超越前车时，不准妨碍被超车的行驶。

（6）自行车（三轮车）不得加装动力设置。

（7）骑自行车（电动自行车、三轮车）在路段上横过机动车道，应当下车推行，有人行横道或者行人过街设施时，应当从人行横道或行人过街设施通过；没有行人过街设施或不便使用行人过街设施的，在确认安全后直行通过。

（8）骑车时不要手中持物，不要双手撒把，不多人并骑，不互相攀扶，不互相追逐、打闹。

（9）骑车时不攀扶机动车辆，以免被刮倒；不载过重的东西；骑车时要精神集中，不要戴耳机听广播或听随身听。

（10）通过陡坡、横穿四条以上机动车道、夜间灯光炫目或途中车闸失效时，须下车推行，但切记不要突然停车，下车前必须伸手上下摆动示意，不准妨碍后面车辆行驶。

（11）骑自行车不准载人，因为自行车的车体轻、刹车灵敏度低，轮胎很窄，如果载人，车子的总重量增加，容易失去平衡，遇到突发情况时，容易发生事故。

（12）学习、掌握基本的交通规则知识。

雨雪天气骑自行车应注意：骑车途中遇雨，不要为了免遭雨淋而埋头猛骑；雨天骑车，最好穿雨衣、雨披，不要一手持伞、一手扶把骑行；雪天骑车，自行车轮胎不要充气太足，这样可以增加与地面摩擦，不易滑倒；雪天骑车，应与前面的车辆、行人保持较大的距离；雪天骑车要选择无冰冻、雪层浅的平坦路面，不要猛捏车闸，不急拐弯，拐弯的角度也应尽量大些；雨雪天气道路泥泞湿滑，骑车要精力更加集中，随时准备应付突发情况，骑行的速度要比正常天气时慢些才好。

三、摩托车安全

（1）驾驶摩托车，平时一定要养成前后轮同时刹车的习惯，而且用力要适当，不可抱死。

（2）驾车经过路口时，一定要提前观察周围情况，看看路两边的行人或车辆是否有突然出来的可能，并且行车路线要与路口保持一段距离，这样万一有车出来，还有一个反应时间。

（3）状态不良的情况下驾车，这时可以试着告诉自己路况，比如：前面路上有 2 辆车，1 辆车朝这边开来，没有行人，没有车从对面开来，没有岔路口，没有危险，或有潜在可能的危险，应注意。

（4）在变换车道、左右转弯时，先看对面有否来车，再看后面有否来车，这一点很重要，很多人都不看后面，直接转弯的。要左转弯，车子预先开到路的靠中间位置，要右转弯，车子先开到路上比较边的位置。防止一下猛拐。

（5）在制动失灵的情况下，要挂较低挡松油门或熄火行驶，慢慢减速，俗称"抢挡"。挂低挡要轰一下油门比较容易挂进去。克服紧张情绪，飞快地分析一下目前的状况，各种作法分别会有什么后果，选一个最好的处置方式，眼睛要紧盯着远处路面，不要只看前面一点点的地方，或只盯着前面某一辆车，不然就会避过一辆车，而撞到别的好几辆车，避车要用眼睛余光，不可转过头去看边上车子有没有避过去。车里的乘客要叫他们抱住自己的座位，或抓住什么牢固的固定物。实在没有好办法，才考虑撞路边障碍物。

（6）驾驶摩托车，双臂要放松，不能用力压在车把上，这样操控车子才灵活。

（7）摩托车乘客在车子转弯时，身体重量尽量放在臀部，前面驾驶员才好操控车子。

（8）超车要注意前面的车子的动向，特别在有岔路口的地方，闪一下超车灯、鸣一下喇叭，夜间还可以变换一下远近光灯，来提醒前面驾驶员注意。超车不要贴太近，留一些安全距离。超车时可先缩短两车距离，看对方车子没有可能造成危险的动向后，再一下子超过去。

（9）交汇车时，眼睛尽量去看前方的路，即使对方车贴得很近，也不要转过头去看对方车，这样才不会交汇完车后，自己的车冲出路外。

（10）驾驶摩托车转弯时，上身尽量保持正直，车子倾斜，这样转弯会比较轻松，而且车子滑倒时，人一般不会摔倒。

（11）新手驾车时，特别是手刹的摩托车，手一定要放在刹车上，这样遇到危险就不会不懂得刹车了。

（12）在通过比较复杂的路口，一定要注意观察各个路口的情况，头可能要转过去，抬起来看，才能看到有无来车。有的路口可能有障碍物，还要从障碍物的缝隙里看过去，看到底有没有车。

四、乘车安全

（一）乘坐机动车安全

汽车、电车等机动车是人们最常用的交通工具，为保证乘坐安全，应注意以下几点。

（1）乘坐公共汽（电）车，要排队候车，按先后顺序上车，不要拥挤。上下车均应等车停稳以后，先下后上，不要争抢。上车后不要匆匆忙忙找座位，发现老弱病残孕及带小孩的人，要主动让座。

（2）不要把汽油、爆竹等易燃易爆的危险品带入车内。

（3）乘车时不要把头、手、胳膊伸出车窗外，以免被对面来车或路边树木等刮伤，也不要向车窗外乱扔杂物，以免伤及他人。

（4）乘车时要坐稳扶好，没有座位时，要双脚自然分开，侧向站立，手应握紧扶手，以免车辆紧急刹车时摔倒受伤。

（5）乘坐小轿车、微型客车时，在前排乘坐时应系好安全带。

（6）尽量避免乘坐卡车、拖拉机，必须乘坐时，千万不要站立在后车厢里或坐在车厢板上。

（7）不要在机动车道上招呼出租汽车。

（8）乘坐公共汽车时，要注意防扒手，携带的财物要放在安全的地方。上车后不要停留在车门口处，因为车门处上下车人多拥挤，扒手最容易得逞。一旦发现自己在车上丢失财物，要立即告诉司机和售票员，请他们帮助查找。

（二）乘坐火车安全

长途旅行需要乘坐火车，乘坐火车时应注意下列几点。

（1）按照车次的规定时间进站候车，以免误车。

（2）在站台上候车，要站在站台一侧白色安全线以内，以免被列车卷下站台，发生危险。

（3）列车行进中，不要把头、手、胳膊伸出车窗外，以免被沿线的信号设备等刮伤。

（4）不要在车门和车厢连接处逗留，那里容易发生夹伤、扭伤、卡伤等事故。

（5）不带易燃易爆的危险品（如汽油、鞭炮等）上车。

（6）不向车窗外扔废弃物，以免砸伤铁路边行人和铁路工人，同时也避免造成环境污染。

（7）乘坐卧铺列车，睡上铺、中铺要挂好安全带，防止掉下摔伤。

（8）保管好自己的行李物品，注意防范盗窃分子。

（三）乘坐地铁安全

为了适应现代城市道路交通的需要，许多大中城市发展了地下铁路的交通，极大地缓解了地面交通拥挤的状况。根据形势的发展，地铁必将成为人们出行代步的重要交通工具。因此，广大农民必须具备乘坐地铁的安全常识。

（1）安全进出站，地铁的站台都建在地面以下，有的站设置了电动滚梯，上下都十分方便，有的站没有滚梯，要步行从台阶上逐级走上走下。因此，乘滚梯时不要拥挤，按顺序靠右边上下，站稳扶牢，防止跌伤。上下台阶时不要追跑，既防止挤撞别人，发生危险，又防止自己踩空摔倒。

（2）不携带危险品，地铁是严禁乘客携带以下物品进站乘车的：易燃、易爆、有毒、有害化学危险品，如雷管、炸药、鞭炮、汽油、柴油、煤油、油漆、电石、液化气、各种酸类等放射性、腐蚀性物品，压力容器等危险品，或有刺激性气味的物品；气球、锄头、扁担、铁锯、铁棒、运货平板推车、自行车、笨重物品，或其他可能妨碍他人在站（车）内通行，危及乘客人身安全和影响地铁运营秩序的超长、超宽、超高的物品。地铁工作人员一旦发现乘客携带以上物品进站，将有权暂扣其物品，并拒绝其进站乘车，或交公安机关依法处罚。

（3）安全上下车，地铁列车到达车站后，应该按照箭头指示方向上下车，先下后上，千万不要拥挤；上下车时要小心列车与站台之间的空隙，照顾好同行的小孩和老人；同时留意屏蔽门和列车门开关、屏蔽门灯和车门灯的闪烁、关闭的警铃鸣响时都不要上下车；屏蔽门如不能自动开启时，可按下屏蔽门上的绿色按钮，手动开启屏蔽门，而带有绿色横杆的应急门，用手推动横杆也可开启。

（4）乘车安全，乘车时乘客一定要紧握扶手，不要倚靠车门，以免影响车门开启；乘客如果身体有不适，尽可能在下一站下车，然后向车站工作人员求助。应该特别注意的是，当车门正在关闭时，切勿强行上下车。

（5）在乘坐地铁时可能还会遇到一些特殊情况，若你的物品掉落轨道，千万不要自行取物，可联系车站工作人员寻求帮助；车站如有紧急情况需要疏散时，千万不要慌乱，不要拥挤，要听从指挥，留意广播，使用离自己最近的楼梯、扶梯、出入口，快速离开车站；若车上发生火灾，应该按压列车上的报警按钮联络司机，按照司机或工作人员的指引尽快离开车站。

第四章

农业机械安全常识

第一节 农业机械安全操作

一、安全使用要求

在使用农业机械之前，必须认真阅读使用说明书，牢记正确的操作和作业方法。

充分理解警告标签，经常保持标签整洁，如有破损、遗失，必须重新订购并粘贴。

农业机械使用人员，必须经专门培训，取得驾驶操作证后，方可使用农业机械。

严禁身体感觉不适、疲劳、睡眠不足、酒后、孕妇、色盲、精神不正常及未满18岁的人员操作机械。在驾驶的正常情况下，驾驶员的反应时间为0.6~0.9秒，而酒后的反应时间为1.5~2.0秒，也就是说，酒后驾车十分危险。因此，严禁酒后驾驶操作。

驾驶员、农机操作者应穿着符合劳动保护要求的服装，禁止穿凉鞋、拖鞋，禁止穿宽松或袖口不能扣上的衣服，以免被旋转部件缠绕，造成伤害。

除驾驶员外严禁搭乘他人，座位必须固定牢靠。农机具上没有座位的严禁坐人。

在作业、检查和维修时不要让儿童靠近机器，以免造成危险。

不得擅自改装农业机械，以免造成机器性能降低、机器损坏或人身伤害。

不得随意调整液压系统安全阀的开启压力。

农业机械不得超载、超负荷使用，以免机件过载，造成损坏。

起步前查看周围情况，鸣号起步，拖拉机驾驶员必须养成起步前仔细查看周围情况，鸣号起步的良好习惯。

牵引架上不站人，挡泥板上不坐人。拖拉机行驶时，牵引架处和挡泥板摇晃得最厉害，既摆动，又颠簸，根本不能站稳，很容易跌落。

二、安全行驶要求

不要在前、后、左、右超过10°的倾斜地面上行驶。

在坡地和倾斜地面上不能转弯。

农业机械在坡上起步时，不松开制动器，先踩下离合器踏板，挂入低挡再缓慢接合离合器，待开始传动后再放松制动器，同时注意油门的配合控制。

农业机械出入机库，上下坡，过桥梁、城镇、村庄、涵洞、渡口、弯道及狭窄地段时，要低速行驶。事先了解桥梁的负荷限度、涵洞的高度及宽度、坡度的大小及渡船的限重等事项，确保安全后才能通过。

避免在沟、穴、堤坝等附近的较脆弱路面上行驶，农业机械的重量可能导致路面塌陷造成危险。

农业机械通过铁路时，事先要左右查看，确定无火车通行时再通过；农业机械行驶到铁路上要注意操作；不要抢道行驶；防止操作失误；保持良好的技术状态，防止熄火。

在平滑路面上，操纵和制动力受到轮胎附着力的限制，在潮湿路面上，前轮会产生滑动，农业机械转向性能变差，应特别注意。

拖拉机通过村、镇街道时要减速、鸣号，并且要精力集中，注意观望。

夜间行驶时，须打开前照明灯，同时须关闭其他作业指示灯。夜间行车应注意：遵守有关规定，夜间无灯光或灯光不全不出车；驶近交叉路口时，应减速，关闭远光灯，打开近光灯，转弯时要打开转向灯。

在农业机械行进过程中，司乘人员不得上下农业机械。

三、农机具作业要求

农机具的负荷应与动力机械功率相匹配，不能使农业机械超负荷工作。

农业机械田间作业前，驾驶员应先了解作业区的地形、土质和田块大小，查明填平不用的肥料坑、老河道、水池、水沟等并做好标记，以防农业机械陷车。

农业机械作业时，操作人员不得离开机车，严禁其他人员靠近，女性操作人员工作时应戴安全帽。

当动力机械倒车与农机具挂接时，动力机械和农机具之间严禁站人。

农机具与动力机械动力输出轴连接时，应在传动轴处加防护罩。

当动力输出轴转动时，农业机械不能急转弯，也不可将农机具提升过高。

在犁、旋、耙、耕等作业中，对动力连接部位、传动装置、防护设施等应随时进行安全检查。

动力机械配带悬挂农机具进行长距离行驶时，应使用锁紧手柄将农机具锁住，防止行驶中分配器的操纵手柄被碰动，导致农机具突然降落造成事故。

四、运输作业要求

非气刹机型严禁拖带挂车。

挂车必须有独立的符合国家质量和安全要求的制动系统，否则不能拖挂。

农业机械和挂车的制动系统必须灵活可靠，不能偏刹车。

牵引重载挂车必须采用牵引钩，而不能用悬挂杆件，否则，农业机械会有颠覆的危险。

出车前应对农业机械及挂车的技术状态进行严格的检查，特别要检查制动装置是否有异常现象，气压表读数是否达到 0.7 兆帕，如果发现问题必须妥善处理后方可行车。

农业机械起步时要用低挡，注意挂车前后之间是否有人、道路上有无障碍物，并给出起步信号。

进行减速时，制动器不能踩得过猛。

农业机械转弯时，要特别注意挂车能否安全通过，不要高速急转弯。

农业机械上下坡要特别注意安全，不准空挡滑行或柴油机熄火滑行，要根据道路状况选择安全行驶速度，尽量避免坡道中途换挡。拖带挂车下坡时，可用间歇制动控制农业机械和挂车车速，否则容易失去控制，农业机械在挂车的顶推下造成翻车事故。

严格遵守装载规定，大型拖拉机拖车载物，长度要求：前部不准超出车厢，后部不准超出车厢 1 米；左右宽度不准超出车厢

20 厘米。小型拖拉机拖车载物，长度要求：前部不准超出车厢，后部不准超出车厢 50 厘米，左右宽度不准超出车厢板 20 厘米，高度从地面算起不准超过 2 米。

农业机械驾驶人员应严格遵守各项交通法规、条例。

第二节 农业机械的维护保养

一、农业机械维护的目的

农业机械维护一般有两项内容，一是农业机械技术保养；二是农业机械技术检修。

（一）农业机械技术保养

农业机械技术保养，是在机器工作中对机器进行的经常的维护手段。机械经过磨合试运转进入正常作业以后，在长期的生产过程中，它的技术状态又逐渐地发生变化：原来拧得紧的配合件可能又产生松动，相互运动的零件之间，由于正常磨损而使配合间隙变大、润滑油变脏，这些情况发展下去机械将无法继续正常工作，甚至会产生重大损坏。技术保养就是在机械的正常技术状态还没有遭到破坏之前，把应该紧固、调整的地方，进行紧固、调整，把脏油换掉，保持正常的润滑条件，让机械总是在良好的技术状态下工作。只有这样才能延长机械的使用寿命，保证机械高质量、高效率地工作。它是预防机器过早磨损，保证机器在规定的修理期间内保持良好技术状态的一种综合性措施。必须在严格规定的时间内按规定的操作内容进行技术保养。

（二）农业机械技术检修

农业机械技术检修，及时恢复机器的原有技术状态，及时排除故障。因为在机器使用过程中零件磨损、损坏和变形，机件配合或机件间尺寸链被破坏，以及某些组合件和机构的工作性能失常，而使机器改变了原有技术状况，或出现了某些在保养中不能排除的故障，就必须进行农业机械的检修工作。这样可保证农业机械的良好技术状态，可提高农业劳动生产率和改进对农业机械操作的性能质量。

二、农业机械维护项目

农业机械维护项目也含 2 项内容，一是农业机械技术保养项目；二是农业机械技术检修项目。

（一）农业机械技术保养项目

根据农业机械的工作特点，保养项目应包括以下内容。农业机械一般是在多尘土或泥水中作业，润滑点的轴承在结构上多半是无密封装置，有些零、部件还裸露在外面，所以必须经常清除灰尘、泥土，补充清洁的润滑油，更换损坏的润滑装置（黄油嘴）。农业机械的工作部件是直接与土壤、籽粒、茎秆等工作对象接触的，因此它们的磨损较快，如果不及时在保养中打磨刃口或更换磨损了的零件，会使工作阻力显著增加，而生产效率下降。农业机械的技术状态直接影响机械的作业质量，所以在日常保养时要检查调整各部位，发现不符合技术要求的零、部件要拆下来矫正或更换。

（二）农业机械技术检修项目

农业机械在使用过程中，其工作性能会随着零件磨损、变形、腐蚀、松动、配合间隙变化等，使农业机械的技术性能、工作能力下降，甚至出现故障或事故。日常检修的项目就要根据其技术状态恶化的程度，及时采取对各部分进行系统检查、清洁、紧固、润滑、添加、调整以及更换某些易损零件等技术性措施。

它贯穿在机器使用的全过程，归纳起来包括机器磨合试运转、各个阶段不同等级的保养、机器使用中的妥善保管和机器简单地调整。也包括作业中和作业后对机器技术状态的检查和一般故障的排除。

三、农业机械维护方法

农业机械维护方法可分为农业机械技术保养和农业机械技术检修。

农业机械技术保养的具体方法是根据各种不同机械的作业特点规定的，有些机械，例如犁或耙，工作条件恶劣，尘土较多，在每班内间隔 2~3 小时或 4~5 小时就要保养一次，润滑一些轴承，检查和调整工作部件的状态。一般机械都在每班作业前后进行一次保养工作，主要是清除尘土、污垢，检查工作部件的状态，检查各紧固件的紧固情况，进行必要调整和润滑。另外，还规定在完成一定工作量之后进行定期保养，除完成日常保养内容外，还要全面地检查机械的技术状态，彻底清洗润滑部件、排除故障和更换磨损零件等工作。各种机械的技术保养内容在说明书中都有详细的规定，使用者必须切实执行。

农业机械技术检修，主要是通过调整、更换零、部件和补充润滑等办法，来消除农业机械的故障产生。对农机易损件可采用下列修理法。①调整换位法：将已磨损的零件调换一个方位，利用零件未磨损或磨损较轻的部位继续工作。②修理尺寸法：将损坏的零件进行整修，使其几何形状尺寸发生改变，同时配以相应改变了的配件，以达到所规定的配合技术参数。③附加零件法：用一个特别的零件装配到零件磨损的部位上，以补偿零件的磨损，恢复它原有的配合关系。④零部件更换法：如果零件或部件损坏严重，可将零件或部件拆除，重新更换同型号零件或部件，从而恢复机械的工作能力。⑤恢复尺寸法：通过焊接（电焊、气焊、钎焊）、电镀、喷镀、胶补、锻、压、车、钳、热处理等方法，将损坏的零件恢复到技术要求规定的外形尺寸和性能。

第一节　农药基本知识

一、农药的分类

为便于认识和使用农药，按照主要成分、防治对象、作用方式进行分类。

（一）按主要成分分类

1. 无机农药

农药中有效成分属于无机物的品种，主要由天然矿物原料加工、配制而成，又称矿物源农药。早期使用的无机农药如砷制剂、氟制剂因毒性高、药效差、对植物不安全，已逐渐被有机农药取代；目前使用的无机农药主要有铜制剂和硫制剂，铜制剂有波尔多液、硫酸铜等，硫制剂有石硫合剂、硫黄等。

2. 有机农药

农药中有效成分属于有机化合物的品种，多数可用有机的化学合成方法制得。目前所用的农药绝大多数属于这一类，具有药效高、见效快、用量少、用途广、可适应各种不同需要等优点。有机农药根据其来源及性质又可分为植物性农药（用天然植物加工制造的，所含有效成分是天然有机化合物，如烟碱、鱼藤酮、印楝素）、微生物农药（用微生物及其代谢产物制成，如苏云金杆菌、阿维菌素、井冈霉素等）和有机合成农药（即人工合成的有机化合物农药）。

（二）按防治对象分类

（1）杀虫剂用于防治有害昆虫的药剂。

（2）杀菌剂能够直接杀死或抑制病原菌生长、繁殖，或削弱病菌致病性以及通过调节植物代谢提高植物抗病能力的药剂。

（3）除草剂用于防除杂草的药剂。

（4）杀螨剂用于防治有害蜱、螨类的药剂。

（5）杀鼠剂用于毒杀有害鼠类的药剂。

（6）杀线虫剂用于防治植物病原线虫的药剂。

（7）植物生长调节剂对植物生长发育有控制、促进或调节作用的药剂。

（8）杀软体动物剂用于防治有害软体动物的药剂。

（三）按作用方式分类

1. 杀虫剂按作用方式分类

（1）胃毒剂通过昆虫取食而进入消化系统引起昆虫中毒死亡的药剂。

（2）触杀剂通过体壁或气门进入昆虫体内引起昆虫中毒死亡的药剂。

（3）内吸剂被植物的根、茎、叶或种子吸收进入植物体内，并在植物体内传导运输到其他部位，使昆虫取食或接触后引起中毒死亡的药剂。

（4）熏蒸剂以气体状态通过呼吸系统进入昆虫体内引起昆虫中毒死亡的药剂。

（5）拒食剂使昆虫产生厌食、拒食反应，因饥饿而死亡的药剂。

（6）驱避剂通过其物理、化学作用（如颜色、气味等）使昆虫忌避或发生转移，从而达到保护寄主植物或特殊场所目的的药剂。

（7）引诱剂通过其物理、化学作用（如光、颜色、气味、微波信号等）可将昆虫引诱到一起集中消灭的药剂。

（8）不育剂药剂进入昆虫体内，可直接干扰或破坏昆虫的生殖系统，使昆虫不产卵或卵不孵化或孵化的子代不能正常生育。

（9）昆虫生长调节剂扰乱昆虫正常生长发育，使昆虫个体生活能力降低而死亡或种群数量减少的药剂，包括几丁质合成抑制剂、保幼激素类似物、蜕皮激素类似物等。

2. 杀菌剂按作用方式分类

（1）保护性杀菌剂在植物发病前（即当病原菌接触寄主或侵入寄主之前），施用于植物可能受害部位，以保护植物不受侵染的药剂。

（2）治疗性杀菌剂在植物被侵染发病后，能够抑制病原菌生长或致病过程，使植物病害停止扩展的药剂。

（3）铲除性杀菌剂对病原菌有强烈的杀伤作用的药剂。因作用强烈，有的不能在植物生长期使用，有的需要注意施药剂量或药液的浓度。多用于休眠期的植物或未萌发的种子，或处理植物或病原菌所在的环境（如土壤）。

3. 除草剂按作用方式分类

（1）触杀性除草剂不能在植物体内传导，只能杀死所接触到的植物组织的药剂。

（2）内吸性除草剂药剂施用于植物体或土壤，通过植物的根、茎、叶等部位吸收，并在植物体内传导至敏感部位或整个植株，使杂草生长发育受抑制而死亡。

二、农药的毒性

农药的毒性是指农药所具有的在极少剂量下就能对人体、家畜、家禽及有益动物产生直接或间接的毒害，或使其生理功能受到严重破坏作用的性能。即农药对人、养殖业动物、野生动物、农业有害生物的天敌、土壤有益微生物等有毒，均属于"毒性"范畴。

农药毒性主要受农药化学结构、理化性质影响，还与其剂型、剂量、接触途径、持续时间、有机体种类、性别、可塑性、蓄积性及在体内代谢规律等密切相关。农药毒性大小常通过产生损害的性质和程度表示，可分为急性毒性、慢性毒性、迟发性神经毒性、致畸作用、致癌作用、致突变作用等。生产实践过程中与人类关系密切的主要是急性毒性和慢性毒性。

急性毒性是指供试动物经口或经呼吸道吸入或经皮肤等途径，一次进入较大量有毒药剂，在 $24 \sim 48$ 小时内出现中毒症状，如肌肉痉挛、恶心、呕吐、腹泻、视力减退及呼吸困难等。有半数受试动物死亡时所需的药剂有效剂量，常以致死中量 LD_{50}（毫克/千克）或致死中浓度 LC_{50}（毫克/升）表示。

慢性毒性是指动物长期（1 年以上）连续摄取一定剂量药剂，缓慢表现出的病理反应过程，多发生于长时间、反复接触小剂量农药的情况下，如长期食用农药残留超标的果蔬或饮用水等。常以毒性试验结果来衡量。将微量农药长期掺入饲料中饲育动物，观察实验期内所引起的慢性反应，如致畸、致癌、致突变等，找出最大无作用量、最小中毒量。农药慢性毒性大小，一般用最大无作用量或每日允许摄入量（ADI）表示。最大无作用量是指根据完全没有作用的最大浓度计算出的供试动物每千克体重相应的药剂质量（毫克）。ADI 是指将动物试验终生，每天摄取也不发生不利影响的剂量，其数值大小是根据最大无作用量乘100乃至几千的安全系数算出来的量，单位是毫克/千克体重。具有严重慢性毒性问题的农药品种，一经证实，将立即禁用。

新农药是向低毒性方向发展的，但完全无毒的农药几乎不存在。为避免农药毒性引起的危害，从事农药生产、营销、运输、储存、使用等各环节都要严格按照农药管理规定执行，农药研究、生产、营销及使用人员都要了解和重视农药毒性问题，从安全角度出发，采取有效措施避免农药中毒。高毒农药的使用原则是尽量不用或少用，以药效相近的低毒品种替代；必须使用时，要注意其限用范围，如收获前禁用期、某些高毒农药不可作茎叶喷雾、施药后的农田在规定时间内禁止人及畜禽进入。

三、农药的作用方式

农药预防或控制病原菌、害虫、杂草等有害生物的途径，称为农药的作用方式。系统掌握农药的作用方式，有利于科学施用农药，充分发挥农药的防病、杀虫和除草作用。

（一）杀虫剂的作用方式

杀虫剂最常用的作用方式有触杀、胃毒、内吸、熏蒸、拒食、驱避和调节生长等。触杀作用是目前使用的杀虫剂最主要的作用方式，可杀死各种口器的害虫和害螨。胃毒作用一般只能防治咀嚼式口器害虫，如鳞翅目幼虫、鞘翅目成虫、直翅目若虫和成虫等。蚜虫等刺吸式口器害虫多用内吸作用药剂防治。目前使用的多数杀虫剂通常具有2种以上的作用方式，可根据主要防治对象选用最合适的药剂。

（二）杀菌剂的作用方式

杀菌剂的作用方式可分为保护作用、治疗作用和诱导抗病性作用。在植物未感病前使用保护作用药剂，消灭病原菌或在病原菌与植物体之间建立起一道化学药物的屏障，防止病菌侵入，以使植物得到保护。该类杀菌剂对病原菌的杀死或抑制作用仅局限于在植物体表，对已经侵入寄主的病原菌无效。治疗作用是在植物感病或发病以后，对植物体施用杀菌剂解除病菌与寄主的寄生关系或阻止病害发展，使植物恢复健康，该类杀菌剂一般选择性强且持效期较长。既可以在病原菌侵入以前使用，起到化学保护作用，也可在病原菌侵入之后，甚至发病以后使用，发挥其化学治疗作用。局部治疗作用也称铲除作用，铲除在施药处已形成侵染的病原菌。诱导抗病性作用也称免疫作用，由于这类杀菌剂大多数对靶标生物没有直接毒杀作用，因此，必须在植物未感病之前使用，对已经侵入寄主的病原菌无效。

（三）除草剂的作用方式

除草剂的作用方式分为吸收和输导，除草剂必须经吸收进入杂草体内才能发挥作用，吸收后如不能很好地输导，只能对接触到药剂的杂草组织及其邻近组织起作用，从而影响防治效果。输导型除草剂则在杂草吸收后能输导到地下根茎而有效发挥除草作用。

1. 吸收途径

（1）茎叶吸收。除草剂可通过植物茎叶表皮或气孔进入杂草体内，其吸收程度与药剂本身结构、极性、植物表皮形态结构及环境条件有关。如均三氮苯类除草剂中的莠去津和扑草净比较容易被植物叶面吸收，而西玛津则难以吸收。叶片老嫩、形态也影响对药剂吸收的程度。高温、潮湿及药剂中含有适当的湿润展布剂，均有助于药剂渗透进入植物体，提高除草剂的杀草活性。

（2）根系吸收。多数除草剂进行土壤处理后，能被植物根部吸收，但吸收速度差异较大，如莠去津、苄嘧磺隆、咪唑乙烟酸等很容易被植物根部吸收，而抑芽丹等则吸收较慢。

（3）幼芽吸收。除草剂在杂草种子萌芽出土过程中，经胚芽或幼芽吸收发挥毒杀作用。如氟乐灵、乙草胺、异丙甲草胺等均是通过芽部吸收发挥作用的。

2. 输导途径

（1）质外体系输导。除草剂被植物吸收后，随水分和无机盐在胞间和胞壁中移动进入木质部，在导管内随蒸腾液流向上输导。木质部是非生命组织，药量较高时也不受损害，这种输导一般较快，并受温度、蒸腾速度等环境生理条件影响。

（2）共质体系输导。除草剂渗透进入植物叶片细胞内，通过胞间连丝通道，移动到其他细胞内，直到进入韧皮部随同化产物液流向下移动。这种输导在活组织中进行，当施用急性毒力的药剂将韧皮部杀死后，共质体系的输导即停止，其输导速度一般慢于质外体系输导，并受光合作用强度等条件影响。

（3）质外—共质体系输导。除草剂进入植物体内的输导同时发生于质外体系和共质体系内，如麦草畏、咪唑乙烟酸、精噁唑禾草灵等。

第二节　农药使用技术

农药的施用方法是把农药施用到目标物上所采用的各种施药技术措施。科学施药总的要求是使农药最大限度地施用到生物靶标上，尽量减少对环境、作物和施药者的影响。农药施用效果的好坏，也取决于施药方法，应根据农药特性、剂型及制剂特点、防治对象的生物学特性及环境条件等选择适当的施药方法。目前常用农药施药方法按农药的剂型和施用方式可分为喷雾法、喷粉法、撒粒法、熏烟法、种衣法及毒饵法等。

一、喷雾法

喷雾法是用手动、机动或电动喷雾机械将药液分散成细小的雾滴，分散到作物或靶标生物上的施药方法，是农药使用最为广泛的方法。农药制剂中除超低容量喷雾剂不需加水稀释而可直接喷洒外，可供液态使用的其他农药剂型如可湿性粉剂、乳油、水剂及可溶粉剂等均需加水调成悬浮液、乳液或溶液后才能供喷洒使用。喷雾法有以下不同分类方法。

（一）按药液雾化原理分类

1. 压力雾化法

药液在压力下通过狭小喷孔而雾化的方法称压力雾化法。我国通常使用的有预压式和背囊压杆式 2 种类型的喷雾器，喷出雾滴的细度决定于喷雾器内的压力和喷孔的孔径，雾滴直径与压力的平方根成反比，压力恒定时，喷孔越小，雾滴越细。

2. 弥雾法

药液的雾化过程分 2 步进行，药液受压力喷出的雾为粗雾滴，它们立即被喉管的高速气流吹张开，形成小液膜，膜与空气碰撞破裂而成雾，此雾滴直径小于压力雾化法的雾滴，称弥雾。液滴直径大小，受药液箱内空气压力和喉管里气流速度的影响。

3. 超低容量弥雾法

利用喷头圆盘高速旋转时产生的离心力使药液以一定细度的液球离开圆盘边缘而形成雾滴。目前国内外都在应用低容量、很低容量或超低容量喷雾。不同容量喷雾，单位面积上用药液量不同，见表5-1。

表 5-1　不同容量喷雾在地面不同作物上的用药液量

单位：升/公顷

容量	大田作物	树木和灌木
高容量（high volume, HV）	>600	>1 000
中容量（medium volume, MV）	200~600	500~1 000
低容量（low volume, LV）	50~200	200~500
很低容量（very low volume, VLV）	5~50	50~200
超低容量（ultra low volume, ULV）	<5	<50

（二）按喷雾方式和器具不同分类

1. 飘移喷雾法

雾滴借飘移作用沉积于目标物上的喷雾方法。由于空气浮力，细小雾滴在静止空气中自然沉降速度很低，可在自然风或风机气流作用下，飘移到较远地方。较大雾滴沉降在近处，较小雾滴沉降在远处，形成不均匀分布。工作幅较宽，功效高，缺点是雾滴小、易飘失。

2. 定向喷雾法

喷出的雾流具有明确的方向性的喷雾方法。通过选择适宜机具或调节喷头的喷施角度，使雾流朝特定的方向运动，以使雾滴准确地到达靶标上，较少散落或飘移散失到空中或其他非靶标生物上。

3. 泡沫喷雾法

能将药液形成泡沫状雾流喷向靶标的喷雾方法。喷药前在药液中混入一种在空气作用下能强烈发泡的起泡剂，采用特定喷头自动吸入空气使药液形成泡沫雾喷出。泡沫雾流扩散范围窄，雾滴不易飘移，对邻近作物及环境的影响小。

4. 静电喷雾法

通过高压静电发生装置使雾滴带电喷施的喷雾方法。由于静电作用可将农药利用率提高到 90%以上，节省农药，减少污染，且对靶标产生包抄效应，即带电雾滴受作物表面感应电荷吸引包围靶标，而沉积到靶标正面和背面，提高防治效果。但带电雾滴对植物冠层的穿透能力较差，大部分沉积在靠近喷头的靶标上。

二、喷粉法

利用鼓风机械所产生的气流把农药粉剂吹散后沉积到作物上的施药方法。此方法不需水，工效高，在作物上沉积分散性好，分布均匀。但农药易发生飘移污染环境，所以其使用受到限制。目前在保护地、森林、果园、山区、水稻田等较密闭的地方仍是很好的施药方法。喷粉的质量受喷粉器械质量、天气及粉剂本身质量的影响。

按所用机械不同可分为：手动喷粉法，利用手摇喷粉器简单喷粉的方法；机动喷粉法，利用机动喷粉机喷粉的方法，主要有东方 12-18 型背负喷粉、喷雾器；飞机喷粉法，利用螺旋桨产生的强大气流把粉吹散，进行空中喷粉的方法。

三、熏蒸法

用气态或常温下易气化的农药，在密闭空间防治病虫害的施药方法。农药以分子状态分散于空气中，其扩散、分布、渗透能力极强，对于密闭的仓库、车厢、船舱、集装箱中，特别是缝隙和隐蔽处的有害生物，此法是效率最高、效果最好的使用方法。

四、熏烟法

利用烟剂产生的烟来防治有害生物的施药方法。应用于封闭环境中，如仓库、温室、大棚、房舍中，来防治病虫害。大棚、温室应避开阳光照射作物时间；森林、果园宜在清晨、傍晚出现树冠层气温逆增时应用。

五、撒粒法

撒施成颗粒状农药的方法。此法方向性强，污染轻，适合土壤处理、水田施药及一些作物的心叶施药，用于防治杂草、地下害虫及土传病害。撒粒可以用撒粒机、撒粒器，也可以徒手撒施。

六、种衣法

利用种衣剂处理种子，在种子表面形成一层牢固药膜的方法。种衣剂是一种悬浮剂，但其中加入了很强的黏着剂（又称成膜剂），药液干后种子表面形成不易脱落的药膜。种衣剂根据不同作物及要求，其有效成分各异。

七、毒饵法

运用农药毒饵诱杀有害动物的施药方法。此法省工省药，适用于诱杀具有迁移活动能力的有害动物，如害鼠、害鸟、害虫、蜗牛、蛞蝓等。可配成固体毒饵堆施、条施或撒施于有害动物出没处。可配成液态毒饵放入盆中诱杀害虫，或喷于作物以外的植物上诱杀害虫，也可涂布于纸条或其他材料上引诱害虫舔食而使其中毒死亡。

八、涂抹法

将农药涂抹于植物茎叶防治有害生物的方法，此方法着靶率高。如黄瓜茎基部涂抹甲基硫菌灵防治茎基腐病；果树枝干涂抹机油乳剂防治介壳虫；茎叶涂抹草甘膦防除多年生杂草。

九、滴注法

用注滴器插在树干上，将内吸性农药注入树干防治病虫害的方法。用打孔器在树干上打直径约 5 毫米、深入木质内约 10 毫米的孔内，将针头由上向下斜插入孔内木质部，用输液管上的可控开关控制滴注速度，滴注速度和数量应根据树的大小和所滴注农药的浓度和品种具体确定。

第六章 气象地质灾害安全常识

第一节 台风的安全防范

一、台风的形成原因及分类

台风发源于热带海面，那里温度高，大量的海水被蒸发到了空中，形成一个低气压中心。随着气压的变化和地球自身的运动，流入的空气也旋转起来，形成一个逆时针旋转的空气旋涡，这就是热带气旋。只要气温不下降，这个热带气旋就会越来越强大，最后形成台风。

过去我国习惯称形成于 26℃ 以上热带洋面上的热带气旋（tropical cyclones）为台风，按照其强度，分为 6 个等级：热带低压、热带风暴、强热带风暴、台风、强台风和超强台风。自 1989 年起，我国采用国际热带气旋名称和等级划分标准。

国际惯例依据其中心附近最大风力分为：

热带低压（tropical depression），最大风速 6~7 级（10.8~17.1 米/秒）。

热带风暴（tropical storm），最大风速 8~9 级（17.2~24.4 米/秒）。

强热带风暴（severe tropical Storm），最大风速 10~11 级（24.5~32.6 米/秒）。

台风（typhoon），最大风速 12~13 级（32.7~41.4 米/秒）。

强台风（severe typhoon），最大风速 14~15 级（41.5~50.9 米/秒）。

超强台风（super typhoon），最大风速 ≥16 级（≥51.0 米/秒）。

二、主要危害

台风是一种破坏力很强的灾害性天气系统，其危害性主要有 3 个方面。

（1）产生强风，破坏房屋、通信等基础设施。台风是一个巨大的能量库，其风速都在 17 米/秒以上，甚至在 60 米/秒以上。据测，当风力达到 12 级时，垂直于风向平面上每平方米风压可达 230 千克。

（2）暴雨集中，造成突发性的洪水灾害，导致农业减产。台风是非常强的降雨系统。一次台风登陆，降雨中心一天之中可降下 100~300 毫米的大暴雨，甚至可达 500~800 毫米。台风暴雨造成的洪涝灾害，是最具危险性的灾害。台风暴雨强度大，洪水出现频率高，波及范围广，来势凶猛，破坏性极大。

（3）沿海地区形成风暴潮，造成人畜伤亡。所谓风暴潮，就是当台风移向陆地时，由于台风的强风和低气压的作用，使海水向海岸方向强力堆积，潮位猛涨，水浪排山倒海般向海岸压去。强台风的风暴潮能使沿海水位上升 5~6 米。风暴潮与天文大潮高潮位相遇，产生高频率的潮位，导致潮水漫溢，海堤溃决，冲毁房屋和各类建筑设施，淹没城镇和农田，造成大量人员伤亡和财产损失。风暴潮还会造成海岸侵蚀，海水倒灌造成土地盐渍化等灾害。

三、预防措施

(一) 台风到来前的防范措施

(1) 气象台根据台风可能产生的影响,在预报时采用消息、警报和紧急警报 3 种形式向社会发布。同时,按台风可能造成的影响程度,从轻到重向社会发布蓝、黄、橙、红四色台风预警信号。公众应密切关注媒体有关台风的报道,及时采取预防措施。

(2) 强风有可能吹倒建筑物、高空设施,造成人员伤亡。居住在各类危旧住房、厂房、工棚的群众,在台风来临前,要及时转移到安全地带,不要在临时建筑(如围墙等)、广告牌、铁塔等附近避风避雨。车辆尽量避免在强风影响区域行驶。

(3) 强风会吹落高空物品,要及时搬移屋顶、窗口、阳台处的花盆、悬吊物等;在台风来临前,最好不要出门,以防被砸、被压、触电等;检查门窗、室外空调、太阳能热水器的安全,并及时进行加固。

(4) 准备手电筒、食物及饮用水,检查电路,注意炉火、煤气,防范火灾。

(5) 在做好以上防风工作的同时,要做好防暴雨工作。

(6) 台风来临前,应准备好手电筒、收音机、食物、饮用水及常用药品等,以备急需。

(7) 关好门窗,检查门窗是否坚固;取下悬挂的东西;检查电路、炉火、煤气等设施是否安全。

(8) 及时清理排水管道,保持排水畅通。

(9) 遇到危险时,请拨打当地政府的防灾电话求救。

(二) 台风期间的防范措施

台风期间尽量不要外出行走,倘若不得不外出时,应弯腰将身体紧缩成一团,一定要穿上轻便防水的鞋子和颜色鲜艳、紧身合体的衣裤，把衣服扣扣好或用带子扎紧，以减少受风面积，并且要穿好雨衣，戴好雨帽，系紧帽带，或者戴上头盔。行走时，应一步一步地慢慢走稳，顺风时绝对不能跑，否则就会停不下来，甚至有被刮走的危险；要尽可能抓住墙角、栅栏、柱子或其他稳固的固定物行走；在建筑物密集的街道行走时，要特别注意落下物或飞来物，以免砸伤；走到拐弯处，要停下来观察一下再走，贸然行走很可能被刮起的飞来物击伤；经过狭窄的桥或高处时，最好伏下身爬行，否则极易被刮倒或落水。如果台风期间夹着暴雨，要注意路上水深。

强台风过后不久一定要在房子里或原先的藏身处待着不动。因为台风的"风眼"在上空掠过后，地面会风平浪静一段时间，但绝不能以为风暴已经结束。通常，这种平静持续不到 1 小时，风就会从相反的方向以雷霆万钧之势再度横扫过来，如果你是在户外躲避，那么此时就要转移到原来避风地的对侧。

第二节　雷击的安全防范

一、雷击的成因

引起雷击的原因很多，主要与上升气流有很大关系。夏天地面受到太阳照射变热，地面水分蒸发，水蒸气向上升，遇到上空的冷空气，变为冰粒。这些冰粒会带电，正电的冰粒会与负电的冰粒互相撞击，发出极大的声响，这即是打雷。打雷会引起雷击。

预知打雷和雷击很重要。如果看到天空积雨云变大变黑，就要想办法到安全地方躲一躲；如果带小型收音机，收听广播时，有刺耳的杂音，即表示附近有雷云；如果忽然下大颗雨滴，也是要打雷的表现。

二、防范措施

有雷击发生时，可以采取以下措施加强自我保护。

（1）远离建筑物的避雷针及其接地引下线，这样做是为了防止雷电反击和跨步电压伤人。

（2）远离各种天线、电线杆、高塔、烟囱、旗杆。如有条件，应进入有防雷设施的建筑物或金属壳的汽车、船只，但帆布篷车、拖拉机、摩托车等在雷雨发生时是比较危险的，应尽快远离。

（3）尽量离开山丘、海滨、河边、池塘边；尽量离开孤立的树木和没有防雷装置的孤立建筑物；铁围栏、铁丝网、金属晒衣绳边也很危险。

（4）雷雨天气尽量不要在旷野行走；外出时应穿塑料材质等不浸水的雨衣；不要骑在牲畜上或自行车上行走；不要用金属杆的雨伞；不要把带有金属杆的工具如铁锹、锄头扛在肩上。

（5）人在遭受雷击前，会突然有头发竖起或皮肤颤动的感觉，这时应立刻躺倒在地，或选择低洼处蹲下，双脚并拢，双臂抱膝，头部下俯，尽量降低自身位势、缩小暴露面。

（6）如果雷雨天气待在室内，并不表示万事大吉，必须关好门窗，防止球形雷窜入室内造成危害；把电视机室外天线在雷雨天与电视机脱离，而与接地线连接；尽量停止使用电器，拔掉电源插头；不要打电话和手机；不要靠近室内金属设备（如暖气片、自来水管、下水管）；不要靠近潮湿的墙壁。

当碰到有人遭雷击时，可采取以下措施。

（1）人体在遭受雷击后，往往会出现"假死"状态，此时应采取紧急措施进行抢救。首先是进行人工呼吸，雷击后进行人工呼吸的时间越早，对伤者的身体恢复越好，因为人脑缺氧时间超过十几分钟就会有致命危险。

（2）应对伤者进行心脏按压，并迅速通知医院进行抢救处理。

（3）如果伤者遭受雷击后引起衣服着火，此时应马上让伤者躺下，以使火焰不致烧伤面部，并往伤者身上泼水，或者用厚外衣、毯子等把伤者裹住，以扑灭火焰。

第三节　高温的安全防范

高温，词义为较高的温度。在不同的情况下所指的具体数值不同，例如在某些技术上指几千摄氏度以上；日最高气温达到35℃以上，就是高温天气。高温天气会给人体健康、交通、用水、用电等方面带来严重影响。

一、主要类型

（一）干热型
气温极高、太阳辐射强而且空气湿度小的高温，被称为干热型高温。在夏季，我国北方地区如新疆、甘肃、宁夏、内蒙古、北京、天津、石家庄等地经常出现干热型高温。

（二）闷热型
由于夏季水汽丰富，空气湿度大，在气温并不太高（相对而言）时，人们的感觉是闷热，就像在蒸笼中，此类天气被称为闷热型高温。由于出现这种天气时人感觉像在桑拿浴室里蒸桑拿一样，所以又称为"桑拿天"，在我国沿海、长江中下游及华南等地经常出现。

二、高温对人体的危害

高温天气对人体健康的主要影响是产生中暑以及诱发心、脑血管疾病，甚至导致死亡。

人体在过高环境温度作用下，体温调节机制暂时发生障碍，而发生体内热蓄积，导致中暑。中暑按发病症状与程度，可分为：热虚脱，是中暑最轻度表现，也最常见；热辐射，是长期在高温环境中工作，导致下肢血管扩张，血液淤积，进而发生昏倒；日射病，是由于长时间暴晒，导致排汗功能障碍所致。

在夏季闷热的天气里，还易出现热伤风（夏季感冒）、腹泻和皮肤过敏等疾病。

三、预防措施

高温天气时，不要置身于烈日之下。中午 12 时至下午 2 时最好不要外出。

高温天气应有遮阳设备，如打伞并戴上墨镜或选择阴凉处，有条件者，可涂些防晒霜。

不要在阳光下疾走，也不要到人聚集的地方。从外面回到室内后，切勿立即吹空调。

要注意高温天饮食卫生，防止胃肠不适及感冒等疾病的发生。

要注意保持充足睡眠，有规律地生活和工作，增强免疫力。

在高温天气下，当出现头晕、恶心、口干、迷糊、胸闷气短等症状时，应立即休息，喝一些凉水降温，病情严重者应立即到医院治疗。

高温天气要注意预防日光照晒后日光性皮炎的发病。如果皮肤出现红肿等症状，应用凉水冲洗，严重者应到医院治疗。

第四节　地震的安全防范

一、地震的前兆

地震前，在自然界发生的与地震有关的异常现象，称为地震前兆，它包括微观前兆和宏观前兆两大类。常见的地震前兆现象有：①地震活动异常；②地震波速度变化；③地壳变形；④地下水位异常变化；⑤地下水中氡气含量或其他化学成分的变化；⑥地应力变化；⑦地电变化；⑧地磁变化；⑨重力异常；⑩动物异常；⑪地声、地光、地温异常。当然，上述这些异常变化都是很复杂的，往往并不一定是由地震引起的。例如，地下水位的升降就与降雨、干旱、人为抽水和灌溉有关。再如动物异常往往与天气变化、饲养条件的改变、生存条件的变化以及动物本身的生理状态变化等有关。因此，我们必须在首先识别出这些变化原因的基础上，再来考虑是否与地震有关。

大震前，飞禽走兽、家畜家禽、爬行动物、穴居动物和水生动物往往会有不同程度的异常反应。大震前动物异常表现有情绪烦躁、惊慌不安，或是高飞乱跳、狂奔乱叫，或是萎靡不振、迟迟不进窝等。动物异常观测对地震预报具有一定的意义。震区群众总结出这样的谚语：震前动物有预兆，抗震防灾要搞好。牛羊驴马不进圈，老鼠搬家往外逃；鸡飞上树猪拱圈，鸭不下水狗狂叫；兔子竖耳蹦又撞，鸽子惊飞不回巢；冬眠长蛇早出洞，鱼儿惊惶水面跳。家家户户要观察，综合异常做预报。

大震前，地下含水层在构造变动中受到强烈挤压，从而破坏了地表附近的含水层的状态，使地下水重新分布，造成有的区域水位上升，有些区域水位下降。水中化学物质成分的改变，使有些地下水出现水味、水的颜色变异，出现水面浮"油花"，打旋冒气泡等。地下水位和水化学成分的震前异常，在活动断层及其附近地区比较明显，极震区更常集中出现。灾区群众说：井水是个宝，前兆来得早。无雨泉水混，天干井水冒；水位升降大，翻花冒气泡；有的变颜色，有的变味道。天变雨要到，水变地要闹。

不少大震震前数小时至数分钟，少数在震前几天，会产生地声从地下传出。有的如飞机的"嗡嗡"声，有的似狂风呼啸，有的像汽车驶过，有的宛如远处闷雷，有的恰似开山放炮。按灾区群众经验并根据地声的特点，能够判断出地震的大小和震中的方向，"大震声发沉，小震声发尖；响的声音长，地震在远方；响的声音短，地震在近旁"。

二、防范与应急

（一）地震发生前的避灾措施

（1）家中应准备救急箱及灭火器，需留意灭火器的有效期限，并告知家人所储放的地方，了解使用方法。

（2）知道煤气、自来水及电源安全阀如何开关。

（3）家中高悬的物品应该绑牢，橱柜门窗宜锁紧。

（4）重物不要放在高架上，拴牢笨重家具。

（5）在任何地点都要了解所处的环境，并注意逃生路线。平时需做事发的演习。

（6）若家人分散了，决定好何时何地会面。

（7）不要在地震过后就立刻使用电话。

（8）若有家庭成员不会说汉语，替他们准备好书面的紧急卡，注明联络地址电话。

（9）每半年与家人举行一次地震演习，蹲下、找寻保护物与冷静。

（10）重要文件资料（例如银行账号等）做备份放在安全的储物盒中，置于其他城镇。

（11）地震前先打电话给当地的红十字会或相关机构，询问紧急的避难所及救护机构在何地。

（12）了解最近的警察局及消防队在何地。

（13）替有价物品做照片或影片备份。

（14）多准备一副眼镜及车钥匙摆在手边，准备一些现金及零钱在身边，以免停电时无法使用提款机。

（15）事先找好家中安全避难处。

（二）地震发生后的避灾自救措施

（1）查看周围的人是否受伤，如有必要予以急救或协助伤员就医。

（2）检查家中水、电、煤气管线有无损害，如发现煤气管有损，轻轻将门窗打开，立即离开并向有关部门报告。

（3）打开收音机，收听紧急情况指示及灾情报道。

（4）检查房屋结构受损情况，尽快离开受损建筑物。

（5）尽可能穿着皮鞋、皮靴，以防震碎的玻璃及碎物弄伤腿脚。

（6）保持救灾道路畅通，徒步避难。

（7）听从紧急救援人员的指示疏散。

（8）远离海滩、港口以防海啸的侵袭。

（9）地震灾区，除非经过许可，请勿进入，并应严防歹徒趁机掠夺。

（10）注意余震的发生。

第五节 洪涝的安全防范

一、洪涝的成因

自古以来，洪涝灾害一直是困扰人类社会发展的自然灾害。洪涝灾害具有双重属性，既有自然属性，又有社会经济属性。它的形成必须具备2方面条件：一是自然条件，洪水是形成洪水灾害的直接原因，只有当洪水自然变异强度达到一定标准，才可能出现灾害，主要影响因素有地理位置、气候条件和地形地势；二是社会经济条件，只有当洪水发生在有人类活动的地方才能成灾，受洪水威胁最大的地区往往是江河中下游地区，而中下游地区因其水源丰富、土地平坦又常常是经济发达地区。

二、洪涝中的自救与逃生

（1）不要惊慌，冷静观察水势和地势，然后迅速向附近的高地、楼房转移。如洪水来势很猛，就近无高地、楼房可避，可抓住有浮力的物品如木盆、木椅、木板等。必要时爬上高树也可暂避。

（2）切记不要爬到土坯房的屋顶，这些房屋浸水后容易倒塌。

（3）为防止洪水涌入室内，最好用装满沙子、泥土和碎石的沙袋堵住大门下面的所有空隙。如预料洪水还要上涨，窗台外也要堆上沙袋。

（4）如洪水持续上涨，应注意在自己暂时栖身的地方储备一些食物、饮用水、保暖衣物和烧水用具。

（5）如水灾严重，所在之处已不安全，应考虑自制木筏逃生。床板、门板、箱子等都可用来制作木筏，划桨也必不可少。也可考虑使用一些废弃轮胎的内胎制成简易救生圈。逃生前要多收集些食物、发信号用具（如哨子、手电筒、颜色鲜艳的旗帜或床单等）。

（6）如洪水没有漫过头顶，且周边树木比较密集，可考虑用绳子逃生。找一根比较结实且足够长的绳子（也可用床单、被单等撕开替代），先把绳子的一端拴在屋内较牢固的地方，然后牵着绳子走向最近的一棵树，把绳子在树上绕若干圈后再走向下一棵树，如此重复，逐渐转移到地势较高的地方。

（7）离开房屋逃生前，多吃些高热量食物，如巧克力、糖、甜点等，并喝些热饮料，以增强体力。注意关掉煤气阀、电源总开关。如时间允许，可将贵重物品用毛毯卷好，藏在柜子里。出门时关好房门，以免贵重物品随水漂走。

第六节　泥石流的安全防范

泥石流是指在山区或者其他沟谷深壑，地形险峻的地区，因为暴雨、暴雪或其他自然灾害引发的山体滑坡并携带有大量泥沙以及石块的特殊洪流。泥石流具有突然性以及流速快、流量大、物质容量大和破坏力强等特点。泥石流常常会冲毁公路铁路等交通设施甚至村镇，造成巨大损失。

一、泥石流的危害

泥石流常常具有暴发突然、来势凶猛、迅速之特点，并兼有崩塌、滑坡和洪水破坏的双重作用，其危害程度比单一的崩塌、滑坡和洪水的危害更为广泛和严重。它对人类的危害具体表现在4个方面。

（1）对居民点的危害，泥石流最常见的危害之一是冲进乡村、城镇摧毁房屋、工厂、企事业单位及其他场所设施。淹没人畜、毁坏土地，甚至造成村毁人亡的灾难。

（2）对交通的危害，泥石流可直接埋没车站、铁路、公路，摧毁路基、桥涵等设施，致使交通中断，造成堵车。泥石流还可引起正在运行的火车、汽车颠覆，造成重大的人身伤亡事故。有时泥石流汇入河道，引起河道大幅度变迁，间接毁坏公路、铁路及其他构筑物，甚至迫使道路改线，造成巨大的经济损失。

（3）对水利工程的危害主要是冲毁水电站、引水渠道及过沟建筑物，淤埋水电站尾水渠，并淤积水库、磨蚀坝面等。

（4）对矿山的危害主要是摧毁矿山及其设施，淤埋矿山坑道、伤害矿山人员、造成停工停产，甚至使矿山报废。

二、防范措施

泥石流防治，应以防为主，开展预防监测，宣传普及泥石流的知识，重视、制止诱发泥石流的人为活动，保护山地生态环境，防患于未然。开展坡面治理，搞好水土保持，实行合理耕作活动，从根本上解决泥石流的灾害。

（一）泥石流的预防

（1）要及时掌握气象部门降水量预报，特别要注意暴雨天气。

（2）制订汛期疏散避灾计划。

（3）加强泥石流沟上游的监测工作。

（4）当听到沟内有轰鸣声或河水暴涨，应警惕泥石流的发生。

（二）对易发生泥石流地区的工程防护措施

（1）稳，用排水、拦挡、护坡等稳住松散物质、滑塌体及坡面残积物。

（2）拦，在中上游设置谷坊或拦挡坝，拦截泥石流固体物。

（3）排，在泥石流流通段采取排导渠（槽），使泥石流顺畅下排。

（4）停，在泥石流出口有条件的地方设置停淤场，避免堵塞河道。

（5）封，封山育林，退耕还林，造林增加植被覆盖率。

（三）紧急避灾措施

（1）当前 3 日及当天的降雨累计达到 100 毫米左右时，处于危险区内的人员应撤离。

（2）当听到沟内有轰鸣声或河水上涨或突然断流，应意识到泥石流马上就要发生，应立即采取逃生措施。

（3）逃生时不要顺沟向上游或向下游跑，应向沟岸两侧山坡跑，但不要停留在凹坡处。

（4）可建立临时躲避棚，位置要避开沟道凹岸或面积小而低的凸岸及陡峭的山坡下，安置在距村镇较近的低缓山坡或高于 10 米的平台地上，切忌建在较陡山体的凹坡处，以免出现坡面坍塌。

（5）在泥石流发生过程中，对遭受泥石流灾害的人与物应立即进行抢护，使危害降至最低程度。同时组织专业抢险队伍，紧急加固或抢修各类临时防护工程，排除险情，并组织人员密切监测泥石流的发展趋势，严防出现重复灾害等。

第七节　山洪与滑坡的安全防范

山洪是指山区溪沟中发生的暴涨洪水。山洪具有突发性，水量集中流速大、冲刷破坏力强，水流中挟带泥沙甚至石块等，常造成局部性洪灾，一般分为暴雨山洪、融雪山洪、冰川山洪等。

滑坡是指斜坡上的土体或者岩体，受河流冲刷、地下水活动、雨水浸泡、地震及人工切坡等因素影响，在重力作用下，沿着一定的软弱面或者软弱带，整体地或者分散地顺坡向下滑动的自然现象。运动的岩（土）体称为变位体或滑移体，未移动的下伏岩（土）体称为滑床。

一、主要危害

山洪灾害发生时往往伴生滑坡、崩塌、泥石流等地质灾害，并造成河流改道、公路中断、耕地冲淹、房屋倒塌、人畜伤亡等，因此危害性、破坏性很大。

滑坡常常给工农业生产以及人民生命财产造成巨大损失，有的甚至是毁灭性的灾难。滑坡对乡村最主要的危害是摧毁农田、房舍，伤害人畜，毁坏森林、道路以及农业机械设施和水利水电设施等，有时甚至给乡村造成毁灭性灾害；位于城镇的滑坡常常砸埋房屋，伤害人畜，毁坏田地，摧毁工厂、学校、机关单位等，并毁坏各种设施，造成停电、停水、停工，有时甚至毁灭整个城镇；发生在工矿区的滑坡，可摧毁矿山设施，伤害职工，毁坏厂房，使矿山停工停产，常常造成重大损失。

二、山洪自救

在山区行走和中途歇息时，应随时注意场地周围的异常变化和自己可以选择的退路、自救办法，一旦出现异常情况，迅速撤离现场。

（1）受到洪水威胁时，应该有组织地迅速向山坡、高地处转移。

（2）当突然遭遇山洪袭击时，要沉着冷静，千万不要慌张，并以最快的速度撤离。撤离现场时，应该选择就近安全的路线沿山坡横向跑开，千万不要顺山坡往下或沿山谷出口往下游跑。

（3）山洪流速急，涨得快，不要轻易游水转移，以防止被山洪冲走。山洪暴发时还要注意防止山体滑坡、滚石、泥石流的伤害。

（4）突遭洪水围困于基础较牢固的高岗、台地或坚固的住宅楼房时，在山丘环境下，无论是孤身一人还是多人，只要有序固守等待救援或等待陡涨陡落的山洪消退后即可解围。

（5）如措手不及，被洪水围困于低洼处的溪岸、土坎或木结构的住房里，情况危急时，有通信条件的，可利用通信工具向当地政府和防汛部门报告洪水态势和受困情况，寻求救援；无通信条件的，可制造烟火或来回挥动颜色鲜艳的衣物或集体同声呼救。同时要尽可能利用船只、木排、门板、木床等漂流物，做水上转移。

（6）发现高压线铁塔歪斜、电线低垂或者折断，要远离避险，不可触摸或者接近，防止触电。

（7）洪水过后，要做好卫生防疫工作，注意饮用水卫生、食品卫生，避免发生传染病。

平原区、低洼处来不及转移的居民，其住宅常易遭洪水淹没或围困。假如遇到这种情况，通常有效的办法如下。

（1）安排家人向屋顶转移，并尽量稳定他们的情绪。

（2）想方设法发出呼救信号，尽快与外界取得联系，以便得到及时救援。

（3）利用竹木等漂流物将家人护送漂流至附近的高大建筑物或较安全的地方。

三、滑坡自救

（一）发生时避险

（1）当处在滑坡体上时，首先应保持冷静，不能慌乱。要迅速环顾四周，向较安全的地段撤离。一般除高速滑坡外，只要行动迅速，都有可能逃离危险区段。跑离时，向两侧跑为最佳方向。在向下滑动的山坡中，向上或向下跑都是很危险的。当遇无法跑离的高速滑坡时，更不能慌乱，在一定条件下，如滑坡呈整体滑动时，原地不动或抱住大树等物，不失为一种有效的自救措施。

（2）当处于非滑坡区，发现可疑的滑坡活动时，应立即报告邻近的村、乡、县等有关政府或单位。

（3）政府部门应立即实施应急措施（或计划），迅速组织群众撤离危险区及可能的影响区。并通知邻近的河谷、山沟中的人们做好撤离准备，密切注意灾情的蔓延和转化。

（二）发生后的自救互救

（1）人工呼吸，在施行人工呼吸前，应首先清除患者口中污物，如有活动义齿，应将其取下，然后使其头部后仰，下颌抬起，并为其松衣解带，以免影响胸廓运动。人工呼吸救护者位于患者头部一侧，一手托起患者下颌，使其尽量后仰，另一手掐紧患者的鼻孔，防止漏气，然后深吸一口气，迅速口对口将气吹入患者肺内。吹气后应立即离开患者的口，并松开掐鼻的手，以便使吹入的气体自然排出，同时还要注意观察患者胸廓是否有起伏，成人每分钟可反复吸入 16 次左右，儿童每分钟 20 次，直至患者能自行呼吸为止。

（2）心脏按压，如果患者心跳停止，应在进行人工呼吸的同时，立即施行心脏按压。若有 2 人抢救，则一人心脏按压 5

次，另一人吸气一次，交替进行。若单人抢救，应按压心脏15次，吹气2次，交替进行。按压时，应让患者仰卧在坚实床板或地上，头部后仰，救护者位于患者一侧，双手重叠，指尖朝上，用掌根部压在胸骨下1/3处（即剑突上两横指），垂直、均匀用力，并注意加上自己的体重，双臂垂直压下，将胸骨下压3~5厘米，然后放松，使血液流进心脏，但掌根不离胸壁。成年患者，每分钟可按压80次左右，动作要短促有力，持续进行。一般要在吹气按压1分钟后，检查患者的呼吸、脉搏一次，以后每3分钟复查一次，直到见效为止。

第一节 预防诈骗

诈骗是指以假冒、伪造等欺骗手段，用虚构事实或者隐瞒真相的方法，将公物非法占有的犯罪行为，或在受害人同意的情况下，将受害人或者受害单位的公私财物非法占为己有。诈骗案件的一般特点是犯罪分子冒充身份，编造出种种谎言，制造出各种假象骗取受害人的信任，流窜犯罪。诈骗案件的行为特征是犯罪分子采取欺骗的方法。从其作案手段看，它属于智能型犯罪，其犯罪目的是骗取财物；从犯罪类型看，它属于侵犯财产罪，同时兼有多种犯罪。

一、常见的诈骗手段

从诈骗分子诈骗的实例来看，诈骗的例子不胜枚举，诈骗的手段和招数各式各样，归结起来，诈骗分子实施诈骗的手法分为日常诈骗、网络诈骗、电话诈骗及短信诈骗。

（一）日常诈骗

1. 伪装身份，"标签效应"

冒充各种身份，利用假名片、假身份证（或是捡的别人的身份证），打着吓人的招牌和迷人的头衔赢得受害者的好感，从而实施诈骗。"求助者"最初往往只要求借用电话、借卡、借少量的钱。串通不在现场的合作伙伴进行演戏，增强可信度。此类诈骗者往往声称是商人、企业家，你帮他之后将获得丰厚的回报。诈骗者正是利用了受害者的善良和有些人贪小便宜的缺点。天下没有免费的午餐，不要有不劳而获的侥幸心理。

2. 编造谎言，博取同情

骗子在车站、码头、商业街等地冒充名牌大学实习的学生，声称与同学或老师失散身上无钱不能返回；或表示在外发生意外、生病等，急需钱用，骗得受害者信任，骗取钱财。

3. 投其所好，骗取信任

利用受害者急于就业，以帮助介绍工作为由骗取财物。或以各种花言巧语，利用一切机会与受害者套近乎，施以一些小恩小惠，与受害者交"朋友"，表现得十分慷慨，给人相见恨晚的感觉，在获取信任后伺机作案。

4. 故意撞人，抛物分成

这种行骗大多由几个人配合完成。在大街上，骗子可能故意撞上行人，然后声称其物品被撞坏，或诈骗分子趁行人经过身边时故意将自己的眼镜、瓷器等易碎物品扔到地上，要求受害者高额赔偿。利用一些受害者的贪欲，诈骗分子假装掉了钱包，然后另外的骗子会在选定的行骗目标面前拾获，捡到后叫住受害者到一僻静处平分，再利用各种形式骗取受害者包里的钱、银行卡密码等，然后借机调包或逃之夭夭。

5. 虚假招聘，虚假合同

诈骗分子常利用部分受害者急于就业，骗取介绍费、押金、报名费等。一些诈骗分子以公司的名义让受害者推销产品或做其他工作，事后却不兑现诺言和酬金。由于事先没有完备的合同，事后处理起来也比较困难。

6. 冒充警察

诈骗分子冒充公安机关、海关等职能部门人员，声称能为事主办妥一些难事，从而骗取订金；诈骗分子间接盗取受害人个人资料后，谎称自己是公安民警，因查案需要令受害人将手机关机几小时，在受害人关机期间，编造事由给受害人家人打电话行骗。

7. 破财消灾

这类诈骗常以家人可能有血光之灾为由，逐步攻克受害人的心理防线，然后以祈福、消灾等迷信手段诈骗财物，并"忠告"受害人，不要告诉任何人，否则就不灵验。

（二）网络诈骗

1. 中奖诈骗

通过 E-mail 或其他方式，告知你中了"大奖"，要求你汇钱确认或支付邮资，甚至缴纳税费等。

2. 网上购物

一些信誉度不高的购物网站，其商品以次充好，或冒充名牌产品，骗取钱财。或以网上拍卖的方式，放出大量拍卖信息。在消费者汇款后，实际得到的产品价值很低。

3. 点击陷阱

在浏览某类网站时必须下载某个特别的浏览器或在点击某广告条时广告代理商谎称会根据广告在你机上的显示时间或点击次数，给你一笔报酬，但事后不可能得到任何回报。

4. 网络创业陷阱

一种类似普通传销的欺诈，通过发展下线赚钱，消费者一旦入网即被套住。或创业欺诈，在网上告知有宏伟的创业计划，以高额回报为诱饵，实际上子虚乌有。

（三）电话、短信诈骗

1. 骗取亲友钱财

诈骗分子常常通过电话或短信，冒充各种身份，通过电话或手机短信骗取亲友的钱财。如冒充公安、医务人员谎称生病、出车祸等急需用钱，叫亲友立即汇钱。甚至就以短信的方式谎称本人，说是电话坏了或银行卡丢了又急需钱用，将钱汇到"某某"的账上。

2. 对机主进行诈骗

诈骗分子常会发布一些欺诈信息，如"你中了某某奖""你被邀请参加某某活动"等，条件是要通过汇款、转账等方式，交纳一定的"手续费""奖金税"或"工本费"。或谎称机主在某商场消费刷卡支付了一笔高额费用，引起机主的恐慌后，然后按照他们设的陷阱说出自己的银行卡号、密码及身份证号等。

3. 返还话费

利用手机、固定电话或短信，冒充工作人员，告知因电脑系统出错，多扣了话费，请到自动提款机前，按提示操作或提供银行账号，以返还话费，如果按照其提示操作，就有可能造成经济损失。

4. 闪断电话

打入电话只响一声就马上挂断，若是按照号码回拨后，回复内容多为"欢迎致电香港六合彩……"，这是非法"六合彩"在招揽客人，而回拨电话既可能损失话费又容易上当受骗。

二、诈骗的预防

目前，诈骗案件呈上升趋势，针对诈骗案件的特点及手段，应采取一些有效措施进行预防。

（一）遇事不感情用事

不要被"同情心"所迷惑。社会上的一些骗子，有的组成团伙，雇用一些老人、年轻妇女，租借一些小孩，编出种种落难的故事，专门骗取善良人的钱财，对此要小心分辨。

（二）识破伪装身份

诈骗分子常常以亲戚、朋友、老乡、受害者等身份出现。遇这种情况不要急于表态，不要草率相信，要仔细观察，从言语中找出破绽，辨别真伪。对于不了解的人，不可轻信，不可盲从。

（三）识破变化手法

诈骗分子常常变化手法，如改变姓名、年龄、身份、住址等。诈骗的形式花样百出，如谎称丢钱、中奖等；诈骗分子常常一身多"职"，因而要注意对方的言谈举止，从中找出疑点，识破其真面目。

（四）切忌贪小便宜

如果仔细观察犯罪嫌疑人的一言一行、一举一动，就会发现有反常现象：别人办不了的事他能办到；别人买不到的东西他能买到；别人犯法他能担保等。这些与正常情况差距越远的承诺，虚假性就越大。对意外飞来的"横财""好运"，一定不要动心，克服贪占便宜的心理，就不会被诈骗分子所俘虏，自己的财产才有保障。

（五）当心麻醉剂

诈骗分子为了达到目的会不择手段，用麻醉剂等药物将人迷晕，然后实施犯罪行为。

（六）抵御诱惑

诈骗分子会不惜成本，吃小亏占大便宜，诱人上当，如宴请、赠礼或投其所好进行诱惑，要时刻谨记天上不会掉馅饼。

（七）警惕陌生人的询问

对陌生人不要轻易答话，防止被骗。对可疑的"陌生人"提出的求助要求，应当尽力回避，不给作案分子可乘之机。

（八）预防短信诈骗

对未经正规渠道核实的虚假信息不要轻信，不要慌乱。收到陌生人发来的关于银行卡消费的短信，要保持警惕性，不要轻易相信，也不要回复或对其询问，必须要向相关的权威部门核实。

（九）识别真伪，戳穿骗局

可通过犯罪分子的口音、谈话内容以及对当地的风土人情、地名地点的了解等识破其真面目；从犯罪分子的举止、业务常识，以及所谈及人的姓名、职务、住址、电话等判断其真伪；从身份证中核实其人，并牢记"没有免费的宴席，天上不会掉馅饼"。这样就能防止或减少上当受骗。

三、诈骗的应对措施

（一）要树立防范意识

（1）要有"害人之心不可有，防人之心不可无"的戒备心理。在现实生活中，好人虽然是绝大多数，但是，丑陋与邪恶始终是存在的。虽然不能草木皆兵，但戒备心理是必不可少的。

（2）遇事多问几个为什么，不盲目轻信。我们不是说要怀疑一切，但是遇事多动脑筋，必要时可以调查研究，弄清一些基本情况，然后再做决策。

（3）三思而后行，不轻率行事。遇事要经过深思熟虑，以做出正确的判断，拿出较好的方法，再开始行动。切忌麻痹疏忽、草率决策、鲁莽行事。

（二）交友要有原则

广交朋友无疑是好事。值得注意的是，在结交朋友时，必须遵循正确的原则，不能善恶不分。物以类聚，人以群分，交朋友就必须选择品行好的人。要广泛结交那些志同道合、道德高尚的人，切忌因感情用事、"哥们儿义气"，而结交那些低级下流之辈、偷鸡摸狗之流、吃喝嫖赌之徒、游手好闲之人等。

（三）不占便宜，不贪小利

诈骗分子施骗惯用的伎俩就是投其所好，以利诱之。只要树立正确的人生观、价值观，不贪占不义之财，保持洁身自好，骗子就无机可乘，就可以避免上当受骗。

（四）巧妙周旋，有效制止

在发现疑点无法确定真假而又不愿意轻易拒绝时，要有礼有节，采取一定的谈话、交往策略，注意在交往中发现破绽，通过与其周旋印证自己的猜测。必要时，还可以采取一些威胁的言辞，使对方心存顾忌，不敢贸然行事。

（五）平静内心，及时报案

被骗后，要及时报告公安机关。特别是不要因自己的某些不足造成被骗又怕暴露隐私不敢报案。如果那样，骗子就会抓住你的弱点，更加肆无忌惮，对你再次施骗或转向诈骗他人。发现受骗后，还要注意保留相关证据，积极协助公安机关破案，最大限度地挽回损失。

四、敲诈勒索如何处置

敲诈勒索之所以能够得逞，主要是敲诈者抓住了个别被害者的某些把柄或弱点，再据此相威胁，从而达到敲诈勒索财物的目的。为避免落入坏人的圈套，要做到洁身自好、不贪图不义之财、不接受小恩小惠、不做非分之举，以免授人以柄。另外，要提高自身防范意识，注意识破敲诈勒索者的圈套等。

常见的敲诈勒索方式主要有口头威胁、带条子威胁、通过第三人传话威胁等。当遇到敲诈勒索时，要做到以下几点。

（1）无论遇到哪种形式的敲诈勒索或威胁恐吓，都不要害怕，更不要按敲诈者的话去做。

（2）巧妙地同歹徒周旋，一旦遇到敲诈勒索者，要沉着冷静，巧妙地与对方周旋，果断选择时机，充分利用身边的人、物以寻求帮助。同时尽快与警方取得联系，只有这样，才能彻底摆脱这些敲诈勒索的控制。

（3）摒弃破财免灾的观念，对付敲诈勒索，我们往往有种传统观念，叫破财免灾，就是说，我只有花了钱，才能够把灾摆平，我不花钱，这个事就永远都完不了。这样往往使敲诈勒索者更加肆无忌惮，屡屡得逞。因此，我们对付敲诈勒索首先要摒弃破财免灾的观念，相信正义的力量，依靠公安机关和法律，勇敢地同坏人作斗争，揭露阴谋，使其受到法律制裁。

第二节　抵制传销

一、正确认识传销

（一）传销概述

传销，自 20 世纪 90 年代传入我国后，一些不法分子顺风跟进，他们打着传销的招牌，招摇撞骗，怂恿被游说的对象交纳高额入会费或认购价格高昂的假冒伪劣商品，加入传销队伍中来。在整个传销网络中，真正受益的只是那些处在传销网络"金字塔"顶端的极少数人，绝大部分传销人员不仅没有挣到什么钱，到最后反而会血本无归，有的还倾家荡产、妻离子散。

传销本身就是违法的，没有非法与合法传销之说。传销组织宣传自己的传销是"合法传销"不是"非法传销"，实际上是在玩文字游戏，以此来混淆视听。所谓的非法传销只是人们的一种不严谨的说法，我们不要认为传销有非法与合法之分。

传销组织一般都是由朋友、亲戚、老乡、同事、同学所构成的。因为彼此之间都比较了解，对其没有防范心理，最容易成为被欺骗的对象。传销主要靠不断地发展"下线"，来保持其运作和养肥"金字塔"上面的"网头"。

（二）传销行为的界定

自 2005 年 11 月 1 日起施行的《禁止传销条例》规定，下列行为属于传销行为。

（1）组织者或者经营者通过发展人员，要求被发展人员发展其他人员加入，对发展的人员以其直接或者间接滚动发展的人员数量为依据计算和给付报酬（包括物质奖励和其他经济利益，下同），牟取非法利益的。

（2）组织者或者经营者通过发展人员，要求被发展人员交纳费用或者以认购商品等方式变相交纳费用，取得加入或者发展其他人员加入的资格，牟取非法利益的。

（3）组织者或者经营者通过发展人员，要求被发展人员发展其他人员加入，形成上下线关系，并以下线的销售业绩为依据计算和给付上线报酬，牟取非法利益的。

二、传销组织如何吸纳新成员

尽管国家三令五申严厉打击传销，但是以暴利为诱饵欺骗他人非法推销劣质产品，或走私商品以大肆偷逃税收的传销活动仍十分猖獗。传销发展到今天，其手段更加隐蔽，危害性也更大，而且还有加入黑社会乃至向经济邪教发展的趋势。

传销为什么有这么大的魔力？可以在传销行业用于培训的教材中找到答案。这些教材里应用了很多心理学的知识，极富煽动性和欺骗性，极易诱人上当。可以从中看到传销组织如何将新人骗进传销组织的一条完整的"黑色"欺骗链条。其步骤大致分为：列名单、电话或书信邀约、摊牌、跟进、胁迫加盟。

（一）揣摩心理列名单

传销组织通过长期的欺骗实践，总结出了列名单的技法，这是传销教材第一部分的内容。

名单列出之后，进行分类筛选（一般是在高一级别的人帮助下进行），分析哪些人是可以被骗来的对象。对象分为几类：亲戚类，兄弟姐妹；朋友类，"五同"——同乡、同宗、同好、同事、同学；邻居类，左邻右舍；其他认识的人，如师徒、战友等。然后对这些人的心理进行分析，那些急于改变现状的人，是他们网罗的主要人选。

（二）巧言邀约设骗局

下步进行邀约。发展"下线"，被称作"邀约"。首先要制定邀约技巧，根据被邀约人的工作及特点，用非常有诱惑力的工作或丰厚的工资骗"下线"过来，每次只邀约一个人。

"邀约"的方式一般是写信或打电话，主要采取电话形式。打电话有很多技巧，很多"学问"，如规定有"三谈三不"，"三谈"即谈社会、谈理想、谈这里的优越性；"三不"是指每次通话不超过3分钟；不能一人去打电话，需要有加入时间长的人陪同；不能第一个电话就"邀约"对方过来，要先经过三五个电话的交流作为"邀约"前的电话铺垫。总之，整个电话过程不谈传销的真相，不正面回答对方的提问，不具体解释自己的话题等，只是根据对方的心态、特长、背景等特点给出甜蜜的诱惑。

为了提高骗人的成功率，教材上写明了谈话时的语气。要求谈话时兴奋度要高，语调要高（比平常要高八度），语速要快，语言要清晰，语气要肯定。总之，整个谈话的语气要给对方绝对信任的感觉。说出的话具有一种神秘感，让对方无据可查。

传销组织在骗人加入时还会"与时俱进"地变换很多时髦的说法，例如采用"加盟连锁、人际网络、网络销售、框架营销、连锁销售、电子商务"等听起来很前沿的措辞，以骗取被"邀约"对象的好感。

在上述种种游说和谎言的欺骗下，如果对方被说动了，愿意加入，下一步就是接站。

当被"邀约"的人到来时，整个"家"（传销组织自称是一个"家"）里的人都必须行动起来，预先告诉各家庭成员即将来的"新朋友"的基本情况，并和"家长"、经验丰富的"家人"商量，如何周密安排，密切配合，以营造温馨的环境。"家长"会亲点一个和"新朋友"性格、兴趣接近的"老朋友"来"照顾"即将到来的"新朋友"，且尽量采取男女交叉的形式，"新朋友"走到哪里他们就跟到哪里。

接站的整个程序，细到神态和衣着都有明确规定。衣着要求光鲜，比如西装领带，让人家一见就会感觉到你肯定是有一定社会地位的人。新朋友一进车站，接站人就要主动热情地迎面跑上去，握手寒暄，然后到酒店里吃便饭，热情地引导来者上车。使初来乍到的人没进门就感觉到温暖，觉得这个朋友真好。

传销组织对接来的"新朋友"的关心是无微不至的，从对你的嘘寒问暖，到陪你做游戏，给你洗衣服，甚至给你洗脚、洗袜子，这叫"付出"。这是传销群体里所谓的"人帮人"，令你感觉一种久违的亲情，给你一种家的温暖，使你放松警惕。

（三）摊牌跟进，翻脸相迫

不管前面说得如何天花乱坠，美丽的谎言总要被揭穿，传销组织把这叫"摊牌"。

第二天要做的工作是听课，为逃避公安机关、工商部门的打击，授课通常在相对偏僻和隐蔽的城郊民宅中进行。听课的人数一般为二三十人，采用集中授课的方式。讲授的内容主要是反复灌输致富观念，描绘"美好"的前景，宣讲传销所从事的"事业"是一个投资小、回报大的"光辉事业"，想致富必须抓住传销这个机遇，它是给老百姓最后一次"暴富"和"翻身"的机会。课程过后还会有所谓的"成功者"传授经验。

摊牌的时间规定为听课前的 5 分钟。这时候，对方已无法脱身。如果对方去听了课，待其迷迷糊糊、将信将疑时，传销组织就会进入第三个阶段——跟进。跟进的具体方式是把你关在屋子里，一大帮人围着你讲他们怎么发了财。

为鼓动"新朋友"，他们会运用传销教材中一些逻辑怪异，但具有较强诱惑性和煽动性的言辞来进行说服。比如，以暴利相诱惑会解释成："传销可以缩短你成功的历程，可以使你一两年内，挣到你几十年挣不到的钱。"如果你说没钱，那么传销理论又会告诉你，因为你没钱，所以才让你想办法赚。如果你说没时间，他们的回答是，正是因为你没有时间，所以才让你在很短时间内赚到钱，然后浓缩你的生命拥有更多的时间。对于欺骗亲友的血汗钱这种罪恶行径，传销抛出的怪论是："这些钱确实是自己的亲友掏出来的，关键是这个钱该不该赚呢？我看是该赚。因为钱本来就是叫人赚的，具体谁赚本无多大区别，你不赚别人也会赚，如果钱印出来都埋入地下，不让人赚，岂不都成了废纸。"传销组织甚至为谎言这样辩护："谎言并不一定就是坏的，有时候我们甚至应该说'这个世界因为谎言而美丽'"。

在听课时大家住在一块，没有电视、报纸，跟外界可以说是隔绝的。讲课内容主要就是围绕每个月要发展多少人，发展到下线后可以有多少奖金等。这样时间长了，思想就会像入了魔似的掉进他们设的圈套而不能自拔。

如果"新朋友"在经过听课、跟进等主要的"洗脑工作"后，头脑仍然很清醒，依然意识到这是传销描绘的骗局。传销组织就会变一副面孔，对你进行威胁、跟踪。威胁说，不交钱的话，就可能出不了这个房子。跟踪就是每时每刻都跟着，没有一点自由。这种卑鄙的手段，会逼得人走投无路，只好投入传销再欺骗他人。这样，下一个恶性循环就又开始了。

三、传销的危害

由于非法传销活动具有隐蔽性、欺骗性、流动性和群体性，因此，极易演变为有组织的社会犯罪，它不仅会对广大参与传销的人员造成身心和经济的伤害，而且也会对经济秩序和整个社会造成极大的危害。

（一）误导思想，污染社会

一方面，非法传销的核心理念是"有钱就是成功"。成功的定义被他们狭隘地限定在能否拉下线、上业绩、日进斗金。其实，任何成功都离不开个人对社会的贡献，成功是社会对个人贡献的一种评价和回报。而他们宣扬的靠骗取人头费不劳而获的理念最终只能使人们的思想扭曲，从而误入歧途。另一方面，通过他们的洗脑，让人不以骗为耻，反以为荣，靠骗人赚钱心安理得。从心理上突破道德和法制的约束，危害人的思想信念基础，这样的社会成员如果达到一定规模，社会控制体系将面临崩溃的危险。称传销为经济邪教并不为过。

（二）危及社会诚信体系，动摇市场经济赖以发展的基础

非法传销的基本方式是杀熟，本质是欺骗，出售人与人之间的信任资源。参与者一旦发现自己被骗，解脱的方式就是发展下线，欺骗别人。这样一个庞大的骗子网络建立起来，如果无限发展下去，必然导致亲友相骗，朋友反目，人与人的信任资源无限流失。它不仅冲击正常的市场秩序，而且还动摇市场经济赖以发展的基础。

（三）瓦解家庭，引起社会动荡

一方面，非法传销参与者多是被亲戚、朋友、同学、同乡，以介绍工作为名，骗到外省市。参与人员多是弱势群体，是顶级非法传销组织者的敛财机器，最后的结果往往是妻离子散，血本

无归，家破人亡。另一方面，非法传销满足的唯一需求是"成功"。但是，在金字塔式的非法传销体系中，"人人都能成功"是无法兑现的。只有极少数接近塔尖的"硕鼠"才能一夜暴富，而对无数身埋塔底的人来说，被激发起的"成功"欲求永远无法满足。这种普遍无法满足的需求，最终必然成为社会的动荡之源。

四、如何解救误入传销的人员

（一）动之以情，晓之以理

首先，冷静对待误入传销的人员，以理服人，不要指责。指责可能导致双方对立，越对立越逆反。如果没有把握说服对方，可以求助反传销的专业人员。

其次，要给予理解。误入传销不是他的错，人人都渴望改变、渴望财富。错的是传销的网头，错在被别人利用和欺骗，选错了道路。

最后，要动之以情。戳穿传销"美丽的谎言"，让他感受亲戚朋友的爱护，明白事实的真相。不要以分手或断绝关系相要挟，这会让误入传销的人员反而"信念"更加坚定，让他们觉得没有退路。

（二）断其后路，破坏其邀约市场

告诉所有的亲朋好友不要受邀去见面。当知道自己的亲朋好友陷入传销后，及时将事实的真相告诉其他人，不要给他寄钱，以破坏他的邀约市场。不要为了面子对朋友掩饰事实真相，认为只要自己不上当就行，因为这样做即使传销人员骗不到你，也可以去骗不知情的其他亲朋好友。

（三）解救时的注意事项

做到以上两个方面以后，若想及时把陷入传销的亲朋好友解救出来，最好依靠组织，如告知公安部门制定解救方案。最好是传销人员的亲人能随去，因为陷入传销的人员已经执迷不悟，他们不会心甘情愿地回来，带上其亲人去，可将其强制带回。

去前应先取得他的信任。不能说明去的真实人数，以一个人的名义去才不会引起怀疑。不要告诉他你到站的具体时间，因为这样才能在你们到达后，有一定机动时间，联系当地派出所或者工商局，寻求他们的帮助。

当一切联系好后，为保证解救成功，可先买好返程的火车票，在火车开动前两三个小时给他打电话，叫他来接站。传销组织来接人时一般是两个人，所以当他们来接你时，不要让他看见来的人的多少，不然他们不与你们见面。一旦接上，你们一行人即可立马把他们带到派出所或者工商局，在说服不了的情况下，可强制性把他带上车，时间拖得越长对解救越不利。

第一节　毒品危害与戒毒治疗

毒品是人类的公敌、全球的公害，它严重威胁人类的健康和社会的安宁。毒品是指鸦片、海洛因、甲基苯丙胺（冰毒）、吗啡、大麻、可卡因以及国家规定管制的其他能够使人形成瘾癖的麻醉品和精神品。

一、毒品的种类

（一）海洛因

海洛因是半合成的阿片类毒品，距今已有 100 余年历史。极纯的海洛因俗称白粉，主要来自"金三角"，也就是缅甸、泰国、柬埔寨三国接壤地带，有的来自黎巴嫩、叙利亚，更多的来自巴基斯坦。产品的颜色、精度和纯度取决于产地。

白色的来自泰国，既纯又白的来自黎巴嫩，褐色的或淡褐色的来自叙利亚、巴基斯坦或伊朗。后来根据用途和纯度不同又分出"2 号""3 号""4 号"海洛因。

用海洛因静脉注射，其效应快如闪电。毒品使用者沉醉在这种感觉中，由于快感很快消失，接着便是对毒品的容忍、依赖和习惯。

随着使用毒品时间的迁延，需要越来越多的毒品才能产生原来的效应，不然过不了瘾。毒品耐受量不断增大。此时，一旦切断白粉进入体内，成瘾后的戒断症状十分剧烈，痛苦难忍的折磨正等待着他。对"闪电"的留恋，而对戒断的痛苦体验，使吸毒者身陷毒潭，身不由己，难以自拔。此时已适应了毒品的身体，产生了生理和心理上的依赖，随着时间的推移，吸毒者精神和身体慢慢开始崩溃。

(二) 杜冷丁

杜冷丁学名盐酸哌替啶，又称作唛啶、地美露。其盐酸盐为白色、无臭、结晶状的粉末，能溶于水，一般制成针剂的形式。作为人工合成的麻醉药物，杜冷丁普遍地使用于临床，它对人体的作用和机理与吗啡相似，但镇痛、麻醉作用较小，仅相当于吗啡的 $1/10 \sim 1/8$，作用时间维持 $2 \sim 4$ 小时。毒副作用也相应较小，恶心、呕吐、便秘等症状均较轻微，对呼吸系统的抑制作用较弱，一般不会出现呼吸困难及过量使用等问题。

杜冷丁的滥用是我国当前所面临的毒品问题之一。据上海戒毒康复中心的调查，部分人是从治疗某些疾病而逐渐上瘾的，但大多数吸毒者滥用杜冷丁只是为了追求感官刺激。

杜冷丁有一定的成瘾性，连续使用 $1 \sim 2$ 周便可产生药物依赖性。研究表明，这种依赖性以心理为主，生理为辅，但两者都比吗啡的依赖性弱。停药时出现的戒断症状主要有精神萎靡不振、全身不适、流泪流涕、呕吐、腹泻、失眠，严重者也会产生虚脱。

(三) K 粉

K 粉是氯胺酮的俗称，英文 ketamine，属于静脉局麻药，临床上用作手术麻醉剂或麻醉诱导剂，具有一定的精神依赖性潜力。近年来在一些歌厅、舞厅等娱乐场所发现了氯胺酮的滥用现象。2001 年 5 月 9 日，国家药品监督局将氯胺酮列入二类精神药品管理。

(四) 美沙酮

美沙酮又作美散痛，也是一种人工合成的麻醉药品。其盐酸盐为无色或白色的结晶形粉末，无臭、味苦，溶解于水，常见剂型为胶囊，口服使用。美沙酮在临床上用作镇痛麻醉剂，止痛效果略强于吗啡，毒性、副作用较小，成瘾性也比吗啡小。

近年来，在我国沿海地区已多次出现非法服用美沙酮的吸毒者，特别是一些原来吸食、注射海洛因或杜冷丁的人，一旦中断药物供应出现强烈的戒断症状，便会服用美沙酮替代。口服美沙酮可维持药效 24 小时以上，但由于它的作用比海洛因弱，故只要能重新获得海洛因，这些吸毒者又会转而复吸海洛因。

(五) 大麻植物

大麻在我国俗称"火麻"，为一年生草本植物，雌雄异株，原产于亚洲中部，现遍及全球，有野生、有栽培。大麻的变种很多，是人类最早种植的植物之一。大麻的茎、秆可制成纤维，籽可榨油。作为毒品的大麻主要是指矮小、多分枝的印度大麻。大麻类毒品的主要活性成分是四氢大麻酚（THC）。

大麻类毒品分为如下 3 种。

大麻植物干品：由大麻植株或植株部分晾干后压制而成，俗称大麻烟，其中 THC 含量 0.5%~5%。

大麻树脂：用大麻的果实和花顶部分经压搓后渗出的树脂制成，又叫大麻脂，其 THC 的含量 2%~10%。

大麻油：从大麻植物或是大麻籽、大麻树脂中提纯出来的液态大麻物质，其 THC 的含量 10%~60%。

大量或长期使用大麻，会对人的身体健康造成严重损害，主要症状如下。

神经障碍。吸食过量可发生意识不清、焦虑、抑郁等，对人产生敌意冲动或有自杀意愿。长期吸食大麻可诱发精神错乱、偏执和妄想。

记忆和行为造成损害。滥用大麻可使大脑记忆及注意力、计算力和判断力减退，使人思维迟钝、木讷，记忆混乱。长期吸食还可引起退行性脑病。

影响免疫系统。吸食大麻可破坏机体免疫系统，造成细胞与体液免疫功能低下，易受病毒、细菌感染。所以大麻吸食者患口腔肿瘤的多。

吸食大麻可引起气管炎、咽炎、气喘发作、喉头水肿等疾病。吸一支大麻烟对肺功能的影响比一支香烟大 10 倍。

影响运动协调。吸食大麻过量时可损伤肌肉运动的协调功能，造成站立平衡失调、手颤抖、失去复杂的操作能力和驾驶机动车的能力。

（六）鸦片

鸦片为医学上的麻醉性镇痛药，是从一种草本植物——罂粟中提炼出来的。罂粟本身不是毒品，但它是鸦片制品的原料，从罂粟中可得到像鸦片、吗啡、海洛因、可待因等毒品。

一个烟瘾不大的吸烟者每天吸 10~20 次，而烟鬼每天得吸百余次。如果吸烟太多，人会变得瘦弱不堪，面无血色，目光发直发呆，瞳孔缩小，失眠，对什么都无所谓。长期吸食鸦片，可使人先天免疫力丧失，因而人体整个衰弱，极易患各种疾病。吸食鸦片成瘾后，可引起体质严重衰弱及精神颓废，寿命也会缩短；过量吸食鸦片可引起急性中毒，造成呼吸抑制而死亡。

（七）冰毒

"冰毒"即脱氧麻黄碱（methamphetamine），为甲基苯丙胺的一种，属某丙胺系列的效力强大的兴奋剂。因其形状呈白色透明结晶体，与普通冰块相似，故又被称为"冰"（ice），也称为

"艾斯"。

"冰毒"为 1919 年首先由一名日本化学家研制合成，1947 年开始应用于临床，通过口服或静脉注射，作为中枢神经兴奋药或用于治疗麻醉药过量、精神抑郁症及发作性睡眠等，也被用作遏止食欲药以治疗肥胖症。

由于"冰"可消除疲劳，使人精力旺盛，故在第二次世界大战期间，在日本曾被广泛用于疲惫的士兵和弹药厂的工人提神。大战结束后，"冰"已成为日本最为流行的毒品。

(八) 摇头丸

继鸦片、杜冷丁、吗啡、海洛因、大麻等毒品在我国贩卖后，1996 年传入我国的一种新型毒品"摇头丸"的滥用严重影响着我国的社会治安。其传播速度之快始料不及。服用者大多是涉足舞厅的人，引发的社会问题极为严重。

摇头丸于 20 世纪 90 年代初流行于欧美，是一种致幻性苯丙胺类毒品，是一类人工合成的兴奋剂，对中枢神经系统有很强的兴奋作用，服用后表现为活动过度、情感冲动、性欲亢进、嗜舞、偏执、妄想、自我约束力下降以及有幻觉和暴力倾向，具有很大的社会危害性，被认为是 21 世纪最具危险的毒品。

(九) 吗啡

吗啡是鸦片中的主要生物碱，1806 年为德国化学家塞尔杜纳 (Friedrich W. Sertürner) 分离出来。作为鸦片的主要有效成分，吗啡在鸦片中含量为 7%~14%。由于纯度关系，吗啡的颜色可呈白色、浅黄色或棕色，可将其干燥成结晶粉末状，也可做成块状。吗啡味道微酸。因其极易吸水，故作为毒品用的吗啡一般需用聚乙烯或赛璐玢包装，以保持其干燥。

吗啡是从割罂粟的蒴果收集的生鸦片或者从罂粟秆（鸦片罂粟的蒴果和茎的上部分）中提取的。后一方法避免了鸦片膏的生产，大量的必需的罂粟秆使非法交易变得非常困难。目前世界上用于医学目的所需吗啡的大部分都是通过这种方法获得的。

在医学上，吗啡为麻醉性镇痛药，具有镇痛及催眠作用。其镇痛作用是自然存在的化合物中无可匹敌的，因而一直被视为解除剧痛最有效的传统的止痛药，一般可用于肾绞痛和胆结石、转移癌所致的剧痛及其他镇痛药无效的疼痛。具有镇静作用，可保机体因外伤性休克、内出血、充血性心力衰竭及某些消耗性疾病（如伤寒的某些类型）所引起的衰竭。吗啡最通常的给药方法是注射，以便迅速生效，但口服也有效。用药后可见欣快感及呼吸系统、循环系统和肠胃系统的副作用。吗啡还有催吐作用，是一种全身抑制药。其最大缺点是易成瘾。

吸食吗啡，可产生人体上的一系列副作用。在神经中枢方面，副作用表现为嗜睡和性格的改变，引起某种程度的惬意和欣快感觉；在大脑皮层方面，可造成人的注意力、思维和记忆性能的衰退，长期大剂量地使用吗啡，会引起精神失常的症状，出现幻觉；在呼吸系统方面，因吗啡能抑制呼吸中枢的兴奋性，改变呼吸的自动控制，因而大剂量吸食会导致呼吸停止而死亡。吗啡的极易成瘾性，使得长期吸食者无论从身体上还是心理上都会产生严重的依赖性，造成严重的毒物癖，从而迫使吗啡瘾者不断地增大剂量以期收到相同的吸食效果。

戒绝吸食吗啡，会伴随着明显的身体症状：流汗、颤抖、发热、血压高、肌肉疼痛和挛缩。这些紊乱构成了戒绝吗啡后的综合病症。

（十）可卡因

可卡因是一种微细、白色结晶粉状生物碱，具有麻醉感觉神经末梢和阻断神经传导的作用，可作为局部麻醉药。

可卡因由古柯树叶中提取。古柯树是一种常绿灌木植物，广泛地生长在南美洲地区，尤其是在秘鲁、玻利维亚、巴西、智利和哥伦比亚等国。古柯树 2 年可采摘 4 次树叶，平均每片古柯叶中含可卡因生物碱 0.5%~1.0%。

几百年来，南美洲安第斯山脉地区的印第安人一直就有嘴嚼古柯叶的习惯，用以增加力量，消除疲劳，增强耐饥渴的能力。到 20 世纪初，可卡因的功效越来越被人们所熟知，滥用它的情况逐渐增多，以后很快发展为一种震撼世界尤其是欧美国家的毒品。

非法制作、贩卖的可卡因一般有 3 种类型：坚硬块状，大量销售的往往是此种可卡因。薄片状，此种可卡因一般纯度较高，被吸毒者视为可卡因精品。粉末状，这往往是用于零售而被稀释的可卡因。

二、毒品的危害

毒品之所以有那么大的市场，世界各地屡禁不止，是与其独特的特点分不开的。只有认识了它，破析了它，才能有效地控制它、禁止它。

(一) 生理依赖性

毒品作用于人体，使人体体能产生适应性改变，形成在药物作用下的新的平衡状态。一旦停掉药物，生理功能就会发生紊乱，出现一系列严重反应，称为戒断反应，使人感到非常痛苦。用药者为了避免戒断反应，就必须定时用药，并且不断加大剂量，使吸毒者终日离不开毒品。

(二) 精神依赖性

毒品进入人体后作用于人的神经系统，使吸毒者出现一种渴求用药的强烈欲望，驱使吸毒者不顾一切地寻求和使用毒品。一且出现精神依赖后，即使经过脱毒治疗，在急性期戒断反应基本控制后，要完全康复原有生理机能往往需要数月甚至数年的时间。更严重的是，对毒品的依赖性难以消除。这是许多吸毒者一而再，再而三复吸毒的原因，也是世界医、药学界尚待解决的课题。

（三）对人体机理的危害

我国目前出现最广、危害最严重的毒品是海洛因，海洛因属于阿片肽药物。在正常人的脑内和体内一些器官，存在着内源性阿片肽和阿片受体。在正常情况下，内源性阿片肽作用于阿片受体，调节着人的情绪和行为。

人在吸食海洛因后，抑制了内源性阿片肽的生成，逐渐形成在海洛因作用下的平衡状态，一旦停用就会出现不安、焦虑、忽冷忽热、起鸡皮疙瘩、流泪、流涕、出汗、恶心、呕吐、腹痛、腹泻等。这种戒断反应的痛苦，反过来又促使吸毒者为避免这种痛苦而千方百计地维持吸毒状态。冰毒和摇头丸在药理作用上属中枢兴奋药，毁坏人的神经中枢。

（四）对市场的浸透力强

一是对毒品危害的宣传力度不够，政府有关部门采取的预防措施不力。毒品对人的引诱力是相当大的。

当前一些不法分子往往采取在饮料、啤酒中放置冰毒或摇头丸的手段引诱人上钩。加上娱乐场所管理混乱，让犯罪分子有机可乘。社区工作发展极不平衡，一些单亲家庭的子女得不到亲情的关爱，因而造成涉毒问题愈演愈烈。

二是受毒品暴利引诱，毒品犯罪分子猖獗。我国已处于毒品的四面包围之中。国内一些不法分子为牟取暴利，与境外贩毒分子勾结，致使毒品犯罪呈现职业化、扩展化、武装化、国际化的趋势。毒品滥用多样化和制贩吸毒一体化，加大了禁毒工作的难度。

如广东警方破获贩运的冰毒一年竟达五吨之多，可见毒品犯罪何等猖狂。毒品犯罪分子的手段之一，是利用一些社会经验少、辨别能力差的人为他们走私贩运毒品，以他们年龄小，处于无刑事责任和只承担相对刑事责任及减轻刑事责任的年龄段，可以逃脱罪行为诱因，引诱他们参与犯罪活动。这样一来，一些人不仅仅自己成为毒品犯罪的受害者，同时也成为毒品犯罪的"害人者"。

（五）对社会极具诱惑

构筑拒毒心理防线——正确把握好奇心，抑制不良诱惑。青年阶段是人生成长的关键时期，对生活充满热情和憧憬，渴望拥有五彩斑斓的生活和精彩人生。在这个关键时期，如果吸了第一根烟，尝试了第一口毒品，涉足了不宜进入的场所一旦染上毒瘾，人生悲剧就会从此开始。要避免悲剧的发生，就必须构筑拒绝毒品的心理防线。

（六）破坏人体健康

无论是哪一种毒品，都可以使人体免疫力下降，血红蛋白减少，各种生理机能遭到严重破坏。特别是当前，吸毒人员低龄化，吸毒方式以静脉注射为主，毒品原料向海洛因蔓延，对吸毒者的危害更为剧烈。

毒品经吸食或注射到人体后，能破坏人体的消化系统，使消化系统功能失调；能破坏人的内分泌系统，使人反应迟钝，神经衰弱、失眠；能破坏人的生殖系统功能导致畸胎、死胎、流产……吸毒过量还会使人中毒死亡。

有确凿的资料表明：静脉注射毒品是艾滋病在我国产生和传播的主要渠道，海洛因依赖者的平均寿命一般在30岁左右，吸毒者一般在长期吸毒后8~12年死亡，平均死亡率高于正常人群的 15 倍。可见，让人能"飘飘欲仙"的"白面"，实际是严重损伤人体，毁灭生命的"白色恶魔"，是扼杀人类的杀手，是世界性的公害。

三、戒毒方法

（一）自然戒断法

自然戒断法，就是在一定的环境里强行中断吸毒者的毒品，仅提供饮食与一般照顾，使其戒断症状自然消退。这是一种古老的戒断方法，因其戒断症状出现时，汗毛竖起，浑身起鸡皮疙瘩，状如褪了毛的火鸡皮，故俗称"冷火鸡法"。

该方法对于戒断者来说过于残酷，要忍受三四天炼狱般的煎熬。有的戒断者不堪如此痛苦折磨，发生自伤自残行为，如撞击、打滚、刀片割、烟头烫，甚至上吊、跳楼。主张该方法的人认为，只有让戒毒者充分体会如此这般的痛苦，才能使吸毒者刻骨铭心，下决心摆脱毒品，但实际上很难达到此目的。这种方法已趋于淘汰，目前多采用药物戒断法。

（二）药物戒断法

药物戒断法主要是三大类：阿片类替代疗法，非阿片类药物疗法，中医药辅助治疗。

1. 阿片类替代疗法

在药物戒断法中，阿片类替代疗法是最传统的又是最常用和最有效的方法。成瘾者终止阿片类药物后之所以出现戒断症状，是因为吸毒时毒品与体内阿片受体结合，抑制了体内阿片肽的释放，当毒品中断，这种体外阿片类物质没有了，体内释放的阿片肽一时又"替补"不上，神经传递出现障碍，就出现了戒断症状。如果此时用一些成瘾性小，又有阿片样作用的物质作为过渡，可以大大减轻戒断症状，递减用量，等自身阿片肽释放趋于正常了，再逐渐停掉它。

阿片递减法。阿片递减法在我国使用时间最长（民间用罂粟壳制成戒毒药也属阿片替代疗法），毒品用量每天递减，可在 10 日左右完成。该法对阿片依赖的脱瘾是有效的，海洛因吸毒者也能减轻戒断症状，适用于阿片和海洛因成瘾较轻者。该法现较少应用，已采用依赖性潜力低、作用时间长的美沙酮或丁丙诺啡等。

丁丙诺啡。丁丙诺啡是半合成蒂巴因的衍生物，是一种镇痛效果好，成瘾性小的麻醉性镇痛新药。我国 1990 年开始将其用于戒断脱瘾治疗，有一定的作用，毒副作用也较小。

替代疗法由于是在同一受体部位替代，因此控制症状彻底，无明显不良反应。如能掌握用药量，逐步递减，脱毒过程可平稳地完成。但因替代药物同样属于麻醉品，有成瘾倾向，要注意尽快递减撤药，以免"以瘾代瘾"，否则后期撤药困难，且有管理不当，流失社会转化为毒品的可能。因此，替代疗法大多是在医疗条件及管理水平较好的戒毒机构使用。

2. 非阿片类药物疗法

可乐定。可乐定属肾上腺受体激动剂，在戒断治疗中曾广泛应用，作用迅速，病人安宁，自身无成瘾性，不产生欣快感，递减顺利，因此临床医生曾认为可乐定是比较理想的戒断药物之一。但后来在应用中发现，可乐定一般剂量难以彻底控制戒断症状，而加大剂量则出现头晕、目眩、乏力、嗜睡、体位性低血压、因眩晕而摔伤等。

路脱菲。路脱菲又称洛非西丁，是一种新型肾上腺受体激动剂。控制戒断效果确切，可靠迅速，不良反应比可乐定少，从而增加了这类药物临床应用的广泛性和安全性。

曲马多。曲马多是一种人工合成的非阿片类强效镇痛药。镇痛效果好，不产生欣快感和幻觉，耐受性与依赖性低，临床上主要用于镇痛。1995 年开始用于戒毒治疗，不良反应较美沙酮、可乐定少。

苯氨咪唑啉。盐酸苯氨咪唑啉，无成瘾性，适用于戒除阿片类成瘾的快速戒毒治疗。主要用于吸食阿片类成瘾，吸入或注入海洛因、杜冷丁、二氢埃托啡等成瘾者的戒毒治疗。

氯硝西泮。氯硝西泮是新一代苯二氮䓬类衍生物，是一种催眠、抗焦虑、抗癫痫、抗惊厥药物，后发现可用于阿片依赖的吸毒者治疗，不但能控制戒断症状，而且对戒毒过程中产生的激动、兴奋、言语增多、行为障碍、失眠等症状都有明显的控制作用；虽然也有一些副作用，但不失为戒断治疗可选用的药物。

亚冬眠脱毒疗法。亚冬眠法是将氯丙嗪与异丙嗪联合使用，使戒毒者处于亚冬眠的昏睡中度过戒断反应时期。痛苦小，费用低，但有人认为亚冬眠法给戒毒者带来意识障碍、大小便失禁、呼吸抑制等不良反应，在戒毒应用中应持慎重态度。

莨菪碱脱毒疗法。莨菪碱法应用莨菪碱戒断治疗，最大的特点是病人在无痛苦的状态下实现脱毒，但存在呼吸抑制和麻醉性肠梗阻等不良反应，故此法一直未得到官方推广。

3. 中医药辅助治疗

人类与毒瘾斗争了那么多年，筛选出了不少的戒毒药物，但都有着这样或那样的不尽如人意之处。探索研究开发安全无毒、无依赖的戒毒药物依然是人类的一大课题。我国医药科学工作者也尝试开展一些中医中药戒毒的研究。

其实在 100 多年前，林则徐在广州禁烟时就曾推广过戒鸦片的中药，不过其中含有罂粟壳，因罂粟壳中含有吗啡等成分，其作用有些类似替代疗法，应用不当也有一定的成瘾性。以往的戒毒中药还有应用洋金花、乌头的，这两种中药都有较强的毒副作用，应用不当会出现意外。因此，不提倡应用含罂粟壳、乌头、洋金花的戒毒中药。

实际上，目前中医中药在戒毒中的作用更多的是以下两个方面：一是在脱毒过程中并不具有直接脱毒作用，但能调节整个机体功能，明显地改善和缓解戒断症状。二是主要用于身体依赖戒断后的康复期，提高机体免疫功能，改善机体状况，增强机体抗病能力，促进食欲，改善性功能等。

除了中药之外，还有气功疗法、针灸疗法等，辅以西药进行戒毒。西药戒毒效果明显，但康复较难。中医脱毒多采用益气养阴、清热解毒、活血化瘀等治法，中医药可在康复期发挥较好的作用，对戒毒者进行全面调理，消除失眠、焦虑、食欲差、周身疼痛等症状，大大有助于戒毒。

（三）自行戒毒

有些吸毒者和亲属碍于名声或限于经济条件，不愿意到国家批准的专门戒毒机构去治疗，而是自己在家戒毒，或去私人诊所求医。这样做很难达到戒毒的目的，又有一定的危险性。

（1）家庭戒毒没有替代疗法的药物，又没有医生指导使用对症治疗药物，一般只有采取"冷火鸡法"，即硬性撤药。该方法戒毒者十分痛苦，且易做出失去理智的事，如刀割、烟头烫、自残等。也曾出现过家人把戒毒者绑起来，而戒毒者挣脱绳索坠楼死亡的悲剧。

（2）在戒毒医疗机构多采用梯度替代法，而这些治疗药也多有一定成瘾性，故属国家管制药品范围。非国家批准的戒毒机构、私人诊所和个人无法得到这类药物，而采用的一些"秘方""偏方"本身往往含有有毒成分，应用不好会有生命危险。曾有一戒毒者，自觅所谓戒毒特效药，戒毒尚未成功就命归西天。

（3）戒毒所一般是封闭式管理，戒毒者在戒毒过程中很难搞到毒品，而在自己家中就难以做到这一点。特别是由于间断一段时间未用毒品，一旦再次得到时若按以前用量吸毒，极易产生相对过量而死亡。

（4）戒毒是一个全面系统的治疗过程，既需要脱毒治疗，又要有长期的心理治疗，自行戒毒很难做到这些。在戒毒所戒毒复吸率还那么高，自行戒毒效果可想而知。

戒毒是个复杂的治疗过程，要在有经验的医生指导下进行。既不能求助于游医药贩，也不能迷信有什么既没有痛苦又能根除毒瘾的"灵丹妙药"。全世界那么多专家经过多年研究，尚未寻找出理想的戒断药，怎么会有"十日断根永不复发"的祖传特效疗法。因此，吸毒者一定要选择国家认定批准的戒毒机构去治疗。

（四）防复吸治疗

1. 复吸率居高不下

有人曾对443例海洛因依赖者做过复吸调查，第一次戒毒者、第二次戒毒者及第三次戒毒者一周后的复吸率分别为60%、88%、97%。复吸率如此之高的原因在哪里呢？

单纯戒毒治疗，操守率低。目前，我国绝大多数戒毒机构只能提供脱毒阶段的治疗，而没有心理康复与社会辅导监督阶段的治疗。这样能坚持不吸毒者（即操守率）不过10%，国外一些戒毒工作开展早的国家对戒毒者进行"生理脱毒—康复—社会辅导监督"全过程治疗，操守率能提高至50%~60%。

自身心理与生理因素。在脱毒治疗后，急剧的戒断反应可以大部分解除，但心理渴求与许多生理遗留症状还要延续许久，如焦虑、失眠、乏力、四肢关节与肌肉疼痛等，使吸毒者自觉难以度日。这种戒毒后生理与心理上的反常状态，也容易导致吸毒者复吸。

吸毒环境因素。吸毒多具有团伙性，戒毒者一旦离开戒毒机构回到社会，毒友的诱惑和影响以及毒品流行的社会环境，会使吸毒成瘾者经不住诱惑，或承受不了压力再次吸毒。

社会、家庭等因素。吸毒成瘾者还会因难以承受家庭破裂、事业失败、信誉扫地、前途无望、受他人歧视等来自社会的、家庭的各种心理压力，在逃避现实的心态驱使下又走上复吸道路。

2. 戒毒全过程治疗

依据国际上成功的经验，一个完整的戒毒治疗应包括3个阶段，即生理脱毒阶段、心理康复阶段和社会辅导监督阶段。

生理脱毒阶段（也称脱毒阶段）。为减轻吸毒者停掉毒品后出现的戒断反应，这一阶段主要给予他们脱毒药物治疗或控制戒断反应的药物。时间一般为1~4周，严重者要3~6个月。若只单纯完成这一脱毒治疗阶段，而不进行康复与重新步入社会的治疗，戒毒效果不佳，近期复吸率高达90%以上。

心理康复阶段。药物脱毒后，吸毒者仍存在心理依赖（心瘾）和一定的身体依赖，对毒品渴求和迁延性戒断反应可持续几个月。所以，对戒毒者应在没有毒品接触可能的封闭条件下，进行心理康复阶段的治疗，克服"心瘾"，培养自理、自立的能力，使之重新获得健康人格，有足够的信心和能力回归社会。这个阶段少则一年半载，多则三五年。

社会辅导监督阶段（也称重返社会或回归社会阶段）。在完成上述阶段后，戒毒机构对戒毒者进行监督辅导，为帮助他们重返社会做各方面的思想准备。如帮助他们学会如何社交、求职、处理家庭关系和应付生活中的压力等，激发他们抗拒毒品的觉悟与决心；并在他们出院后与他们建立固定的联系，提供1~2年甚至3~5年的善后社区辅导服务，定期随访和检查，使其彻底摆脱毒瘾。

目前我国虽然已有不少戒毒机构，但因社会资金注入不够和人们的认识所限等原因，这些戒毒机构还只能做到上述第一个阶段的工作，这是为什么我国走出戒毒所的吸毒者90%以上难断毒瘾的重要原因之一。

3. 药物防复吸

纳曲酮防复吸。国内外戒毒界的实践证明，盐酸纳曲酮在预防戒毒者复吸中起到一定的作用。纳曲酮具有作用时间长、可以口服、使用方便等优点。纳曲酮没有严重的毒副作用，只有少数患者出现恶心、呕吐、腹痛、腹泻、头晕、焦虑等。纳曲酮是世界卫生组织推荐作为阿片类依赖脱毒后防复吸的首选药物，其作用原理是纳曲酮拮抗阿片受体，阻断海洛因的欣快作用，使心理渴求减少，复吸率降低。

美沙酮维持疗法。美沙酮是麻醉性镇痛药，20世纪60年代开始作为新型镇痛剂和海洛因的替代疗法药物应用。虽然美沙酮也有一定成瘾性，但是比起应用阿片替代具有以下优点：美沙酮作用时间长，每日一次即可维持不产生戒断症状；美沙酮可口服，可避免静脉注射滥用造成的多种危害。美国、加拿大和中国香港等国家及地区二十几年前开始将美沙酮用于维持疗法，即戒毒者完成脱毒治疗由戒毒所回到社会后，为了防止他们复吸，允许他们每日到指定的美沙酮门诊，在医护人员的监督下服用美沙酮。该方法可使戒毒者既不至于出现戒断症状，又能阻止他们自行在社会上寻觅海洛因等毒品，也大大减少了艾滋病在静脉吸毒人群中的传播。

对美沙酮维持疗法也有人持不同意见，认为美沙酮也是毒品，这是以小毒代大毒，使毒品公开化。但是美沙酮维持疗法大大减轻了社会治安压力和用于禁毒的财政压力，因此越来越多的国家采用了该疗法。我国现在也已广泛采用美沙酮维持治疗门诊。

(五) 合成毒品导致精神障碍的治疗

什么是合成毒品，前面已有介绍，是指与取材于天然植物的鸦片、可卡因等相对而言，以化学合成为主的一类毒品，如苯丙胺类、氯胺酮、苯二氮䓬类，以及新精神活性物质。

由于合成毒品制作简单、价廉易得，成瘾性似乎又没有海洛因那样强，为吸毒者所追捧。近几年来，在我国很多大中城市，吸食合成毒品的人数已占吸毒人数的60%左右，有的城市甚至超过90%。故现在戒毒机构收治的吸毒者中，吸食合成毒品者越来越多。

合成毒品主要是致幻剂、兴奋剂和精神药物，故对吸毒者健康的危害主要表现为精神障碍。

急性中毒：系短期内大剂量吸毒所致，可表现为意识模糊、嗜睡、谵妄、错乱、昏睡或昏迷等状态。在急性期意识障碍恢复过程中（过渡期）可出现幻觉妄想状态、躁狂或抑郁状态、木僵或抑郁状态、兴奋或抑郁状态、兴奋或紧张综合征等。

慢性中毒：由长期、小量吸毒引起，发病缓慢，临床症状较持久。早期可出现脑衰弱综合征，病程中也可出现各种感知觉、情感和思维障碍。

中毒后期：可遗留神经衰弱综合征、遗忘综合征、痴呆状态和人格改变等慢性脑器质性综合征的表现。

合成毒品与海洛因毒品生理作用机制不同，故治疗也不一样。

1. 苯丙胺类药物滥用的治疗

精神障碍治疗。苯丙胺类吸食者可出现急性精神障碍，表现为幻觉、妄想、意识障碍、伤人行为等，多数在停止吸食后2~3天症状消失。症状严重者可肌肉注射氟哌啶醇，或用地西泮等苯二氮䓬类药物，均有良好的镇静作用。

躯体症状治疗。急性中毒者常出现高热、代谢性酸中毒和肌痉挛症状。苯丙胺类吸食过量所致恶性高热和高乳酸血症及最终出现的循环衰竭或休克可导致死亡。由于这种恶性高热是骨骼肌代谢亢进所致，除可用物理降温外，肌肉松弛是控制高体温的有效方法，可静脉缓注硫喷妥钠或用肌肉松弛剂琥珀胆碱，要注意呼吸和肌肉松弛情况，加强监护。苯丙胺类导致的冠状脉痉挛是引起心肌缺血和心肌梗死最常见的原因，常用钙通道阻滞剂来缓解痉挛，改善心肌缺血。抗高血压药物对冰毒引起的心血管症状也有良好作用。高血压危象可用酚妥拉明或硝普钠。改善代谢性酸中毒应采取足量补液，维持水、电解质平衡，利尿、促进排泄。

依赖性的治疗。苯丙胺类药物的滥用可以产生精神依赖，但与海洛因、大麻等毒品不同，突然停吸后不会产生像阿片类、酒精类产生的严重的躯体戒断症状，故不需要替代治疗，控制戒断所致的不适可用苯二氮䓬类药物。戒断所致的持续抑郁障碍需要抗抑郁药物治疗。苯丙胺类躯体依赖治疗，往往因为戒断后强烈的心理渴求而变得较为困难，持续的戒断需要良好的心理和社会干预。

2. 氯胺酮滥用的治疗

冲动行为、谵妄状态治疗。这种状态的吸毒者一般会出现不协调性的精神运动性兴奋，为避免意外，应使用镇静催眠药静脉滴注或者肌内注射。由于氯胺酮半衰期较短，这种急性幻觉妄想、谵妄状态一般在 24 小时内完全消失，少数滥用者持续 1~2周，可使用抗精神病药物进行短期治疗，症状消失后减量至停药。一般使用镇静作用强的药物，如氯氮平、奋乃静等。

精神性症状治疗。将戒毒者置于安静的空间，减少环境刺激，给予充分安慰，减轻因幻觉、妄想所导致的紧张不安。用抗精神病药物，如氟哌啶醇口服或肌内注射。应注意的是苯丙胺类兴奋剂滥用者可能有多巴胺受体敏感性改变，使用抗精神病药物更易出现锥体外系反应，必要时应配伍使用抗胆碱类药物拮抗。在幻觉、妄想消失后抗精神病药物应逐渐停止使用。

情绪症状治疗。如情绪症状持续时间不长或症状轻微不必用药，严重者给予对症治疗，抑郁者使用三环类抗抑郁药或选择5-羟色胺再摄取抑制剂，焦虑者使用苯二氮䓬类药物，但也要注意防止此类药物滥用。

戒断症状治疗。由于吸毒者经常不规律性地、间断地使用，一般少有明显的躯体戒断症状。少部分吸毒者在停用氯胺酮时有轻、中度的失眠、焦虑反应，可使用中、小剂量的抗焦虑药，如苯二氮䓬类的阿普唑仑或地西泮等，但此类药物也不能长久使用，以免产生依赖，应在两个星期内减量至停药，或换药。

3. 苯二氮䓬类滥用的治疗

苯二氮䓬类，如三唑仑长期吸食后停用，多数并不出现明显的戒断症状，但少数易感体质者突然停药，可能出现严重戒断反应甚至抽搐。逐渐停药可以减少戒断症状的频率和程度，或换成半衰期较长的同类药物，如先将三唑仑换成氯硝西泮，再逐渐减少氯硝西泮的剂量。戒断时的失眠，推荐使用催眠药或者具有镇静作用的抗抑郁药，如曲唑酮、多塞平，也可使用苯海拉明、水合氯醛。苯二氮䓬类精神依赖性远大于躯体依赖，故心理支持治疗不可或缺。

第二节 艾滋病的传播与预防

一、艾滋病的认识

(一) 艾滋病的定义

艾滋病是英文名称（acquired immuno deficiency syndrome）字

头缩写 AIDS 的音译，医学名称为获得性免疫缺陷综合征，其病因就是人体免疫系统被人类免疫缺陷病毒（human immunodeficiency virus，HIV）所破坏，因此身体丧失了抵抗力，不能与那些对生命有威胁的内部癌细胞和外部细菌病毒战斗，从而使人体发生多种不可治愈的感染和肿瘤，最后导致被感染者死亡的一种严重传染病。目前还没有研制出能将其彻底治愈的药物和有效的预防疫苗。

（1）"获得性"指该病是后天得到的，不是遗传性疾病。

（2）"免疫缺陷"指该病是由人体免疫系统的损伤而导致免疫系统防御功能降低直至丧失。

（3）"综合征"指艾滋病不是单一的症状，而是一系列复杂症状的综合表现。

（二）艾滋病病毒

艾滋病病毒形态呈球形，直径只有 90～130 纳米，比细菌小得多。

艾滋病病毒有如下特征，这些特征决定了传播途径。

（1）艾滋病病毒存在于感染者和患者体液和组织液，如血液、精液、阴道分泌液、乳汁和淋巴细胞等。

（2）血液、精液和阴道分泌物中病毒浓度最高；其他体液，包括唾液、眼泪等病毒含量极低，不会构成传染。

（3）病毒对外界抵抗力弱（低于乙肝病毒），在干燥环境中很快死亡，一般消毒剂能将其杀灭。

二、艾滋病的传播

（一）艾滋病的传播途径

艾滋病的传播途径主要有三大类，分别是性接触传播、血液传播和母婴传播。

1. 性接触传播

在没有保护措施的情况下，与艾滋病病毒感染者发生有体液交换的性交，可以导致艾滋病病毒的经性接触传播。包括男女之间的异性性行为和男男之间的同性性行为，以及既有男女之间又有男男之间的双性性行为，均可以造成传播。性伴越多，艾滋病感染风险越大。男男同性性行为，感染风险更高。目前，经性途径传播已经成为我国艾滋病病毒感染最主要传播途径。

2. 血液传播

通过输入含有艾滋病病毒的血液或血液制品或由于含有艾滋病病毒的血液污染相关器械可造成艾滋病的传播。主要形式包括与他人共用受艾滋病病毒污染的注射器进行注射吸毒、输入带有艾滋病病毒的血液或血液制品、使用被艾滋病病毒污染但未经严格消毒的采血设备或医疗器械、移植被艾滋病病毒污染的组织等都可能导致传播。被艾滋病病毒污染的针头或其他尖锐物体刺破了皮肤，破损的皮肤、伤口或黏膜接触了艾滋病病毒感染者的血液或体液，与艾滋病病毒感染者共用剃须刀、牙刷也有一定的感染艾滋病风险。

3. 母婴传播

感染了艾滋病病毒的妇女将病毒传播给其孩子称为母婴传播。被艾滋病病毒感染的孕妇，可以在怀孕期间将艾滋病病毒通过胎盘传给胎儿；也可以在分娩过程中，新生儿受到母亲血液或阴道分泌物的污染而感染；还可以在婴儿出生后通过乳液经哺乳感染。

（二）容易感染艾滋病的人群

从艾滋病病毒的传播途径可以知道，如果发生了容易感染艾滋病病毒危险行为，就容易得艾滋病。常见的容易感染艾滋病人群主要有以下几类。

1. 静脉注射毒品者

因为静脉注射吸毒者常常共用针具吸毒，与感染了艾滋病病毒的吸毒者一起共用针具吸毒，就很易感染艾滋病病毒。

2. 暗娼

由于文化程度偏低，对艾滋病认知不够，自我防护意识差，在与客人发生性行为时不用安全套，使得感染艾滋病的风险大大增加。如果是已经感染了艾滋病病毒的暗娼，也会通过卖淫行为，将艾滋病病毒传播给嫖客。

3. 男男同性恋者

这是我国目前感染率较高的人群之一。这个人群中，青少年居多，因为处于青春期，对各种事物的好奇，再加上现在网络的发达，容易受到诱惑，发生男男同性性行为，容易感染艾滋病。

4. 多性伴人群

有些人没有固定的性伴，频繁更换性伴或者同时交往多个性伴，特别是目前通过网络与不认识的人发生"一夜情"等行为的人群，因为不了解对方艾滋病感染情况，和对方发生性行为又不使用安全套，造成艾滋病感染、传播。

5. 性病病人

由于人体感染性病以后，在生殖器部位常有炎症或糜烂、溃疡，破坏了黏膜屏障的完整性，为艾滋病病毒提供了入侵门户，使其很容易进入人体并迅速蔓延。

6. 感染艾滋病病毒孕妇孕育的子女

感染艾滋病的孕妇可通过胎盘将艾滋病病毒直接传染给胎儿，也可通过产道和产后哺乳感染新生儿。

7. 艾滋病病毒感染者的配偶或者性伙伴

艾滋病病毒感染者通过和配偶或者性伙伴发生不戴安全套的性行为，就很可能将艾滋病病毒传染给配偶或性伴，造成艾滋病的传播和蔓延。由于艾滋病潜伏期长，人体感染艾滋病病毒以后很长时间是没有任何症状，也不知道自己的感染状况，造成传播的风险很大。

8. 接受输血及其他血制品的人

因为艾滋病病毒存在检测的窗口期问题，绝对避免因为接受输血或血制品感染艾滋病还做不到。但是，随着全国各血站对血液艾滋病病毒检测措施及力度的加大，每年通过输血和其他血制品感染艾滋病的病例极为少见，几乎为零。

三、艾滋病感染的阶段

从艾滋病病毒进入人体，到人体出现相关症状直至死亡，需要经历一个漫长的过程。具体包括以下阶段。

1. 感染期

人体感染艾滋病病毒后 2～4 周，体内有较高的病毒载量，但并不会马上出现特殊的症状，通常急性感染期表现为低热，一般很难发现。

2. 无症状感染期（潜伏期）

感染艾滋病病毒到出现临床症状的阶段，人体产生了抗体，与艾滋病病毒处于相对平衡状态，艾滋病的平均潜伏期为 6～8 年。

3. 发病期

感染者的免疫系统受到严重破坏，病毒载量处于很高水平，艾滋病患者最终会因为并发症而死亡。

此外还有两个不属于艾滋病自然发展过程的分期。

4. 窗口期

艾滋病病毒进入人体后需要一段时间才能产生出抗体，这段时间体内有艾滋病病毒，但是却检测不出抗体，称为"窗口期"，通常为3~12周。

5. 治疗期

随着治疗技术进步，艾滋病由不能治变为可治，经过有效治疗后，病毒载量可以控制在相对较低水平。

四、艾滋病的症状

从感染艾滋病病毒到发病有一个完整的自然过程，急性感染期仅表现为发热、皮疹、淋巴结肿大、乏力、出汗、恶心、呕吐、腹泻、咽炎等非特异性症状。之后进入潜伏期，感染者可以没有任何临床症状，艾滋病的平均潜伏期一般认为是5~10年。潜伏期后，感染者开始出现与艾滋病有关的症状和体征，此时患者已具备了艾滋病的最基本特点，常见症状有：①浅表淋巴结肿大；②病毒性疾病的全身不适，肌肉疼痛等症状；③各种特殊性或复发性的非致命性感染。之后，进入典型的艾滋病期，患者一般具有3个基本特点：①严重的细胞免疫缺陷；②发生各种致命性机会性感染；③发生各种恶性肿瘤。艾滋病发展到最后，免疫功能全面崩溃，患者出现各种严重的综合病症，直至死亡。

确诊艾滋病不能光靠临床表现，最重要的依据是血液HIV抗体检测是否为阳性，所以怀疑自身感染HIV的人应当及时到当地的医疗卫生机构做检查，千万不要自己乱下诊断。

五、预防和治疗艾滋病

至今为止，世界上还没有研制出能彻底治愈艾滋病的药物和有效预防艾滋病病毒的疫苗。因此，严格来说，每个人都有可能感染艾滋病病毒，感染的危险程度主要取决于人们自己的行为。资料表明，以下行为更容易感染艾滋病病毒：卖淫或嫖娼，静脉吸毒者共用注射器，与多个性伴发生性行为或肛交等。此外，感染者的配偶被感染的可能性更大些。尽量避免上述危险行为，正确使用安全套都可以降低感染艾滋病的危险。

目前已经研制一些能够有效抑制艾滋病病毒的药物，这些药物已能在某种程度上缓解艾滋病患者的症状，延长患者的生命、提高其生活质量。但目前艾滋病不可以彻底治愈，只能和高血压、糖尿病等慢性非传染性疾病一样终生服药。

六、艾滋病病毒检测

确定一个人是否感染了艾滋病病毒，目前通常的检查办法是到当地的疾病预防控制中心、县医院、乡镇卫生院、妇幼保健中心等机构进行血液的艾滋病病毒抗体检测。如抗体初筛检测呈阳性，需由医生转介到县级医疗机构做确认，如果确认实验也呈阳性，表明此人已经被艾滋病病毒感染。由于感染艾滋病病毒4~8周后（一般不超过6个月）才能从血液中检测出艾滋病病毒抗体，所以怀疑自己可能感染了病毒，应尽早去做检测。检测的结果若为阴性，应在1~2个月后进行复查。

第九章 新型冠状病毒肺炎防护常识

第一节　认识新型冠状病毒

一、冠状病毒

冠状病毒是在自然界广泛存在的一个大型病毒家族，因病毒的外表存在许多小小的突起（棘突），形似花冠而得名。冠状病毒的动物宿主广泛，目前发现的有蝙蝠、鼠类、家禽和家畜等，其中蝙蝠是最重要的自然宿主。冠状病毒仅感染脊椎动物，可引起人和动物呼吸道、消化道和神经系统疾病，以及心血管系统等多个系统疾病表现。

冠状病毒对紫外线和热敏感，56℃ 30 分钟、乙醚、75% 乙醇、含氯消毒剂、过氧乙酸和氯仿等脂溶剂均可有效灭活病毒，氯己定不能有效灭活病毒。

二、新型冠状病毒

新型冠状病毒（2019-nCoV）属于 β 属的冠状病毒，有包膜，颗粒呈圆形或椭圆形，直径 60 ~ 140 纳米。与其他病毒一样，新型冠状病毒基因组也会发生变异，某些变异会影响病毒生物学特性。世界卫生组织（WHO）提出的"关切的变异株"有 5 个，分别为阿尔法、贝塔、伽玛、德尔塔和奥密克戎。目前奥密克戎株感染病例已取代德尔塔株成为主要流行株。现有证据显示奥密克戎株传播力强于德尔塔株，致病力有所减弱。

三、新型冠状病毒的传播途径

新型冠状病毒的传播途径主要有 3 种。

(一) 直接传播

直接传播是指经呼吸道飞沫和密切接触的传播，这也是新型冠状病毒的主要传播途径。

(二) 接触传播

接触传播是指在接触被病毒污染的物品后，触碰自己的口、鼻或眼睛等部位导致病毒传播。

(三) 气溶胶传播

气溶胶传播是指飞沫在空气悬浮过程中失去水分而剩下的蛋白质和病原体组成的核，形成飞沫核，可以通过气溶胶的形式漂浮至远处，造成远距离的传播。

在相对封闭的环境中长时间暴露于高浓度气溶胶情况下存在经气溶胶传播的可能，如医疗场所。

第二节 新型冠状病毒感染者的诊断方法

一、诊断原则

根据流行病学史、临床表现、实验室检查等综合分析，作出诊断。新型冠状病毒核酸检测阳性为确诊的首要标准。未接种新型冠状病毒疫苗者，新型冠状病毒特异性抗体检测可作为诊断的参考依据。接种新型冠状病毒疫苗者和既往感染新型冠状病毒者，原则上抗体不作为诊断依据。

二、诊断标准

（一）疑似病例

有下述流行病学史中的任何 1 条，且符合临床表现中任意 2 条。

无明确流行病学史的，符合临床表现中的 3 条；或符合临床表现中任意 2 条，同时新型冠状病毒特异性 IgM 抗体阳性（近期接种过新型冠状病毒疫苗者不作为参考指标）。

1. 流行病学史

（1）发病前 14 天内有病例报告社区的旅行史或居住史。

（2）发病前 14 天内与新型冠状病毒感染者有接触史。

（3）发病前 14 天内曾接触过来自有病例报告社区的发热或有呼吸道症状的患者。

（4）聚集性发病（14 天内在小范围如家庭、办公室、学校班级等场所，出现 2 例及以上发热和/或呼吸道症状的病例）。

2. 临床表现

（1）发热和（或）呼吸道症状等新型冠状病毒肺炎相关临床表现。

（2）具有上述新型冠状病毒肺炎影像学特征。

（3）发病早期白细胞总数正常或降低，淋巴细胞计数正常或减少。

（二）确诊病例

疑似病例具备以下病原学或血清学证据之一者。

（1）新型冠状病毒核酸检测阳性。

（2）未接种新型冠状病毒疫苗者新型冠状病毒特异性 IgM 抗体和 IgG 抗体均为阳性。

第三节　新型冠状病毒肺炎的预防措施

一、科学戴口罩

科学戴口罩，对于新型冠状病毒肺炎、流感等呼吸道传染病具有预防作用，既保护自己，又有益于公众健康。

（一）对普通公众科学戴口罩的指引

（1）居家、户外，无人员聚集、通风良好，建议不戴口罩。

（2）处于人员密集场所，如办公、购物、餐厅、会议室、车间等或乘坐厢式电梯、公共交通工具等。建议在中、低风险地区，应随身备用口罩（一次性使用医用口罩或医用外科口罩），在与其他人近距离接触（≤1米）时戴口罩；在高风险地区，戴一次性使用医用口罩。

（3）对于咳嗽或打喷嚏等感冒症状者，建议戴一次性使用医用口罩或医用外科口罩。

（4）对于与居家隔离、出院康复人员共同生活的人员，建议戴一次性使用医用口罩或医用外科口罩。

（二）口罩的类型及选择

口罩有医用防护口罩（CB 19083—2010）、颗粒物防护口罩（GB 2626—2019）、医用外科口罩（YY 0469—2011）、一次性使用医用口罩（YY/T 0969—2013），以及普通口罩如棉纱、活性炭和海绵等类型。

口罩选择的方法：①人员密集场所的工作人员、居家隔离及与其共同生活人员属于中等风险暴露人员，建议佩戴医用外科口罩。②超市、商场、交通工具、电梯等人员密集区的公众和集中学习、活动的在校学生属于较低风险暴露人员，建议佩戴一次性使用医用口罩。③宿舍内、户外空旷场所、通风良好工作场所工作者属于低风险暴露人员，可不佩戴口罩或视情况佩戴非医用口罩，如棉纱、活性炭和海绵等口罩，具有一定防护效果，也有降低咳嗽、喷嚏和说话等产生的飞沫播散的作用。

（三）口罩佩戴和脱摘方法

佩戴口罩的方法：佩戴的方法是将蓝色的防水面朝外，有金属片的一面向上，系带式口罩上系带系于头顶中部，下系带系于颈后，挂耳式口罩把系带挂于两侧耳部即可。口罩应完全覆盖口鼻和下巴，用两手食指将口罩上的金属片沿鼻梁两侧按紧，使口罩紧贴面部，要进行密合性检查，将双手完全覆盖防护口罩，快速呼气，如鼻夹附近有漏气应调整鼻夹至不漏气为止。注意佩戴过程中避免手触碰到口罩内面。

脱摘口罩的方法：脱摘口罩时不要接触口罩外面（污染面），系带式口罩先解开下面的系带，再解开上面的系带；挂耳式口罩把两侧系带同时取下。用手指捏住口罩的系带丢至垃圾桶或医疗废物容器内。脱摘口罩的过程可能会污染双手，脱摘后应立即用肥皂洗手或用乙醇擦手。

（四）使用口罩的注意事项

（1）呼吸防护用品包括口罩和面具，佩戴前、脱摘后应洗手。

（2）佩戴口罩时，注意不可内外面戴反，更不能两面轮换戴。

（3）使用中尽量避免触摸口罩，不可将口罩取下悬挂于颈前或放于口袋内再使用，绝对不能用手去压挤口罩，这样会使病原体向口罩内层渗透，人为增加感染病原体的概率。

（4）佩戴多个口罩不能有效增加防护效果，反而增加呼吸阻力，并可能破坏密合性。

（5）各种对口罩的清洗、消毒等措施均无证据证明其有效性。

（6）一次性使用医用口罩和医用外科口罩均为限次使用，累计使用不超过 8 小时。职业暴露人员使用口罩不超过 4 小时，不可重复使用。

二、有效洗手

（一）正确洗手的方法

用正确的方法洗手可以有效切断病毒的传播途径，预防感染，因此掌握洗手的方法是非常必要的。正确的洗手步骤及方法如下。

（1）在流动水下淋湿双手。

（2）取适量洗手液（肥皂）均匀涂抹至整个手掌、手背、手指和指缝。

（3）认真搓双手至少 15 秒，具体操作如下：①掌心相对，手指并拢，相互揉搓；②手心对手背沿指缝相互揉搓，交换进行；③掌心相对，双手交叉，指缝相互揉搓；④弯曲手指，使指关节在另一手掌心旋转揉搓，交换进行；⑤右手握住左手大拇指旋转揉搓，交换进行；⑥将 5 个手指尖并拢放在另一手掌心旋转揉搓，交换进行；⑦螺旋式擦洗手腕，交替进行。

（4）在流动水下彻底冲干净双手。

（5）使用一次性纸巾或已消毒的毛巾擦干双手，取适量护手液护肤。

（二）及时洗手的情况

新型冠状病毒疫情防控期，为了避免经手传播，应注意洗手，洗手频率根据具体情况而定。以下情况应及时洗手：外出归来，戴口罩前及摘口罩后，接触过泪液、鼻涕、痰液和唾液后，咳嗽打喷嚏用手遮挡后，护理患者后，准备食物前，用餐前，上厕所后，接触公共设施或物品后（如扶手、门把手、电梯按钮、钱币、快递等物品），抱孩子、喂孩子食物前，处理婴儿粪便后，接触动物或处理动物粪便后。

（三）不方便洗手时的处理

不具备洗手条件时，可选用有效的含乙醇速干手消毒剂进行手部清洁，特殊条件下，也可使用含氯或过氧化氢手消毒剂。使用时量要足够，要让手心、手背、指缝、手腕等处充分湿润，两手相互摩擦足够长的时间，要等消毒液差不多蒸发之后再停止。但是，对公众而言，不建议以免洗手消毒剂作为常规的手部清洁手段，只是在户外等没有条件用水和肥皂洗手的时候使用。

（四）洗手相关注意事项

要用流动的清水洗手。如果没有自来水，可用水盆、水舀、水壶等器具盛水，把水倒出来，形成流动水来冲洗双手；用肥皂或者洗手液，充分揉搓，保证洗手效果；肥皂泡要用清水彻底冲干净；捧起一些水，冲淋水龙头后，再关闭水龙头（如果是感应式水龙头，不用做此步骤）；洗手后要用干净的毛巾或者一次性纸巾擦干，也可用吹干机吹干。

三、外出防护

（一）搭乘电梯的防护

疫情期间，应尽量避免乘坐厢式电梯，低楼层的乘客建议走楼梯和扶梯。当不得不乘坐时，进入电梯必须正确佩戴口罩，随身携带卫生纸（手套），可隔着卫生纸（手套）按电梯按钮。卫生纸（手套）使用完毕要妥善处置。另外，要减少用手揉眼、抠鼻等行为。

等候电梯时，应站在厅门两侧，不要离厅门过近，不要面对面接触从电梯轿厢中走出的乘客。乘客走出轿厢后，按住电梯厅外按钮不让电梯关门，等待片刻再进入电梯。尽量避免与多名陌生人同乘电梯，时间充裕的乘客可耐心等待下一班电梯。尽量不要用电梯搬运物品，减少随身物品与电梯轿厢表面接触。

出电梯后，及时洗手或使用免洗型手消毒剂进行手部消毒。

（二）外出就医的防护

原则上来说，疫情期间，除非必须立即就医的急危重症患者，民众应尽量少去或不去医院；如果必须就医，应就近选择能满足需求的、门诊量较少的医疗机构；如果必须去医院，可只做必需的、急需的医疗检查和医疗操作，其他项目和操作尽可能择期补做；如果可以选择就诊科室，尽可能避开发热门诊、急诊等诊室。

前往医院时，应尽可能事先通过网络或电话了解拟就诊医疗机构情况，做好预约和准备，熟悉医院科室布局和步骤流程，减少就诊时间。在前往医院的路上和医院内，患者与陪同家属均应该全程佩戴医用外科口罩或 N95 口罩。如果可以，应避免乘坐公共交通工具前往医院。另外，要随时保持手部卫生，准备便携含酒精成分的免洗洗手液。

在医院时，人与人之间的距离至少保持 1 米。尽量避免用手接触口、鼻、眼，打喷嚏或咳嗽时，用纸巾或胳膊肘遮住口鼻。接触医院门把手、门帘、医生白大衣等医院物品后，尽量使用手部消毒液，如果不能及时对手消毒，则不要用手接触口、鼻、眼。医院就诊过程中，尽可能减少医院停留时间。

自医院返家后，立即更换衣服，用流动水认真洗手，衣物尽快清洗，有条件者可先行用 84 消毒液处理。若出现可疑症状（包括发热、咳嗽、咽痛、胸闷、呼吸困难、乏力、恶心呕吐、腹泻、结膜炎、肌肉酸痛等），根据病情及时就诊，并向接诊医师告知过去 2 周的活动史。

(三) 乘坐公共交通工具的防护

乘坐公交车、地铁、长短途客车、火车、飞机或轮船时，必须全程正确佩戴口罩（建议佩戴医用外科口罩或其他更高级别的口罩），行程结束时及时弃用。有条件的乘客可选择佩戴手套，一次性使用手套不可重复使用，其他重复使用手套需注意清洗消毒。

当手触碰座位、扶手、车门、扶杆等公共用品后，不要直接接触口、眼、鼻，避免接触传播。在条件允许的情况下，要立即洗手和消毒，以保持手部卫生。另外，要与其他人保持一定的距离，最好是 1 米以上。

行程中，若发现可疑症状人员，要远离并及时报告。若自己出现可疑症状，要尽量避免接触其他人员，并视病情随时就医。当有疑似或确诊病例出现时，听从工作人员的指令，及时自我隔离，听从安排进行排查检测，不可私自离开。

在车站、机场、码头等地方，要主动配合体温检测，尽量减少在车站、机场、码头的滞留时间。

四、加强营养膳食

一般人群防控用营养膳食指导如下。

（1）食物多样，谷类为主。每天的膳食应有谷薯类、蔬菜水果类、畜禽鱼蛋奶类、大豆坚果类等食物，注意选择全谷类、杂豆类和薯类。

（2）多吃蔬果、奶类、大豆等。做到餐餐有蔬菜，天天吃水果。多选深色蔬果，不以果汁代替鲜果。吃各种各样的奶及其制品，特别是酸奶，相当于每天液态奶 300 克。经常吃豆制品，适量吃坚果。

（3）适量吃鱼、禽、蛋、瘦肉。鱼、禽、蛋和瘦肉摄入要适量，少吃肥肉、烟熏和腌制肉制品。坚决杜绝食用野生动物。

（4）少盐少油，控糖限酒。清淡饮食，少吃高盐和油炸食品。足量饮水，成年人每天7~8杯(1 500~1 700毫升)，提倡饮用白开水和茶水；不喝或少喝含糖饮料。成人如饮酒，男性一天饮用酒的酒精量不超过25克，女性不超过15克。

（5）吃动平衡，健康体重。在家也要天天运动、保持健康体重。食不过量，不暴饮暴食，控制总能量摄入，保持能量平衡。减少久坐时间，每小时起来动一动。

（6）杜绝浪费，兴新食尚。珍惜食物，按需备餐，提倡分餐和使用公筷、公勺。选择新鲜、安全的食物和适宜的烹调方式。食物制备生熟分开、熟食二次加热要热透。学会阅读食品标签，合理选择食品。

第四节　新型冠状病毒肺炎疫情心理调适

突如其来的新型冠状病毒肺炎疫情给全国人民带来了担忧和恐惧。面对疫情，产生焦虑和恐慌等负面情绪都是很正常的，这是人体很自然的应激反应，适度应激能够帮助我们采取积极的措施应对疫情。但是，长时间的恐惧和焦虑会损害免疫功能，从而诱发疾病。因此，保持平和而积极的心态才能有助于健康，理性地看待疫情才能共渡难关。

一、适度关注疫情信息

面对大量的疫情信息，每个人都应寻求正规信息发布渠道，关注官方、正规渠道发布的新闻。了解疫情的发展趋势能够帮助我们抵抗失控感，但如果反复阅读带有负面情绪色彩的信息，则容易引发"替代性创伤"（指未直接经历创伤事件的个体，以简介方式接触到创伤事件而产生的心理不适），消耗我们的心理能量。因此，当阅读这些信息让自己感到不舒服时，应主动停下来，用自己的知识储备理性分析信息的可靠性，保护自己免受负面情绪冲击，同时，多关注积极、正面的宣传报道，从中汲取战胜疫情的正能量。

二、了解疾病相关知识

系统全面地学习新型冠状病毒疫情防控知识，做到心里有底，能更有效地缓解恐慌焦虑情绪，更好地保护自己和照看患病的亲人。

三、接纳自己的情绪

接纳自己面对疫情的恐惧、焦虑和沮丧等负面情绪，应认识到，适度的情绪反应是我们应对疫情的"自我保护"机制，使我们对疫情保持警觉，有利于加强自我保护和防范措施。

四、调整不合理的认知

危机面前，人们容易出现因注意力变窄或选择性注意而把注意力放在事件的消极方面，容易出现不合理认知，把事件的不良后果人为地放大。正确的做法是，全面评估事件的影响，包括积极的和消极的，如疫情可能会危及我们的健康，但也可能是改善我们公共卫生政策和革除不良饮食习惯的契机。

五、维持正常的生活节奏

可通过制订生活计划保持健康的作息，如坚持每天锻炼、保证正常的睡眠规律和健康的饮食。另外，还可以通过读书、做饭、和家人聊天或玩游戏等丰富的室内活动充实自己，同时也能增进与家人的感情，促进家庭和睦。

六、维护人际支持

利用现代化的通信手段（电话、微信、视频等）联络亲朋好友、同学师长，倾诉自己的情绪和感受、表达关心、约定疫情结束后的计划等，通过保持与社会的沟通，获得支持鼓励。另外，要对身边的人给予积极主动的关心和帮助，让我们生活在亲善友爱的社会环境中，既能疏导负面情绪，也能通过积极的情绪提高我们的免疫力，增加抗击疾病的能力。

七、适时寻求专业的心理帮助

政府部门、社区以及许多专业机构都提供免费的心理援助服务，如心理热线电话或网络咨询服务等。如果心理问题难以自行调适，要主动向专业机构求助，以获得专业支持，积极调整心态。

第十章　救护常识

第一节　预警与求救

一、预警

预警是指事先觉察可能发生某种情况的感觉，如地震预警。所谓地震预警，是指在地震发生后，利用地震波传播速度小于电波传播速度的特点，提前对地震波尚未到达的地方进行预警。一般来说，地震波的传播速度是每秒几千米，而电波的速度为每秒30万千米。因此，如果能够利用实时监测台网获取的地震信息，以及对地震可能的破坏范围和程度的快速评估结果，就可利用破坏性地震波到达之前的短暂时间发出预警。

（一）警报系统

警报系统是指发生或可能发生突发事件时，通过广播、电视、报刊、通信、信息网络、警报器、宣传车或组织人员逐户通知等方式报警的装置和机制。

（二）预警信息

预警信息是指为防止和减小突发事件对人民生命财产安全、经济建设和社会发展、自然环境带来的不利影响，对将要发生的突发事件的信息，采用一定的图表、声音等，向公众发布和告知。它根据突发事件的破坏程度不同而采用不同的预警级别对公众进行发布或告知。预警级别分为四级，一级为特别严重，红色预警信号；二级为严重，橙色预警信号；三级为较重，黄色预警信号；四级为一般，蓝色预警信号。目前，中国气象局统一发布的气象灾害预警信号种类由此前的 11 种增至 14 种。这 14 类气象灾害预警信号具体涉及台风、暴雨、暴雪、寒潮、大风、沙尘暴、高温、干旱、雷电、冰雹、霜冻、大雾、霾、道路结冰等。预警信号的级别依据气象灾害可能造成的危害程度、紧急程度和发展态势一般划分为 4 级：Ⅳ级（一般）、Ⅲ级（较重）、Ⅱ级（严重）、Ⅰ级（特别严重），依次用蓝色、黄色、橙色和红色表示，同时以中英文标识。气象部门将根据不同种类气象灾害的特征和强度，确定不同种类气象灾害的预警信号级别。

（三）预警信息种类

预警信息发布的内容包括突发事件的类别、级别、起始时间、影响或可能影响的范围、警示事项、应采取的措施和发布机关。如广东省人民政府应急管理办公室网站、省人民政府委托省气象局建设的广东省突发公共事件预警信息发布系统都是该省官方预警信息发布平台。预警信号种类包括：台风预警、气象灾害预警、空袭预警等。

1. 台风预警

根据逼近时间和强度不同，台风预警信号分 4 级，分别以蓝色、黄色、橙色和红色表示。

（1）颜色：蓝。含义：24 小时内可能受热带低压影响，平均风力可达 6 级以上，或阵风 7 级以上；或者已受热带低压影响，平均风力为 6~7 级，或阵风 7~8 级并可能持续。防御指南：① 做好防风准备并注意有关报道和通知；② 把门窗、围板等易被风吹动的搭建物固紧，妥善安置室外物品。

（2）颜色：黄。含义：24 小时内可能受热带风暴影响，平均风力可达 8 级以上，或阵风 9 级以上；或者已经受热带风暴影响，平均风力为 8~9 级，或阵风 9~10 级并可能持续。防御指南：① 建议幼儿园、托儿所停课；② 处于危险地带和危房中的居民以及船舶应到避风场所避风，户外作业人员停止作业；③ 切断霓虹灯招牌及危险的室外电源；④ 停止露天集体活动；⑤ 其他同台风蓝色预警信号。

（3）颜色：橙。含义：12 小时内可能受强热带风暴影响，平均风力可达 10 级以上，或阵风 11 级以上；或者已经受强热带风暴影响，平均风力为 10~11 级，或阵风 11~12 级并可能持续。防御指南：① 紧急防风状态，建议中小学停课；② 切勿随意外出，确保老人小孩留在家中最安全的地方；③ 相关应急处置部门和抢险单位密切监视灾情，落实应对措施；④ 停止室内大型集会，疏散人员。

（4）颜色：红。含义：6 小时内可能或者已经受台风影响，平均风力可达 12 级以上，或已达 12 级以上并可能持续。防御指南：① 特别紧急防风状态，建议停业、停课（除特殊行业）；② 人员应尽可能待在防风安全的地方，相关应急处置部门和抢险单位随时准备启动抢险应急方案；③ 当台风中心经过时风力会减小或静止一段时间，应继续留在安全处避风；④ 其他同上。

2. 大雾预警

根据 12 小时内大雾能见度的高低，大雾预警信号分 3 级，分别以黄色、橙色、红色表示。

（1）颜色：黄。含义：12 小时内可能出现能见度<500 米的浓雾，或者已经出现能见度<500 米、≥200 米的浓雾且可能持续。防御指南：① 注意浓雾变化，小心驾驶；② 机场、高速公路、轮渡码头注意交通安全。

（2）颜色：橙。含义：6 小时内可能出现能见度<200 米的

浓雾，或者已经出现能见度<200 米、≥50 米的浓雾且可能持续。防御指南：① 空气质量明显降低，居民需适当防护；② 驾驶人员应控制速度；③ 机场、高速公路、轮渡码头应采取措施以保障交通安全。

（3）颜色：红。含义：2 小时内可能出现能见度<50 米的强浓雾，或者已经出现能见度<50 米的强浓雾且可能持续。防御指南：① 受强浓雾影响地区的机场暂停飞机起降，高速公路和轮渡暂时封闭或者停航；② 各类机动交通工具应采取有效措施以保障安全。

3. 雷雨大风预警

雷雨大风预警信号分四级，分别以蓝色、黄色、橙色、红色表示。

（1）颜色：蓝。含义：6 小时内可能受雷雨大风影响，平均风力可达到 6 级以上，或阵风 7 级以上并伴有雷电；或者已经受雷雨大风影响，平均风力达到 6~7 级，或阵风 7~8 级并伴有雷电，且可能持续。防御指南：① 做好防风、防雷电准备并注意有关报道和通知，学生停留在安全地方；② 把门窗等易被风吹动的搭建物体固紧，人员应当尽快离开临时搭建物，妥善安置易受雷雨大风影响的室外物品。

（2）颜色：黄。含义：6 小时内可能受雷雨大风影响，平均风力可达 8 级以上，或阵风 9 级以上并伴有强雷电；或者已经受雷雨大风影响，平均风力达 8~9 级，或阵风 9~10 级并伴有强雷电，且可能持续。防御指南：① 妥善保管易受雷击的贵重电器设备，断电后放到安全的地方；② 危险地带和危房居民，以及船舶应到避风场所避风，千万不要在树下、电杆下、塔吊下避雨，出现雷电时应当关闭手机；③ 切断霓虹灯招牌及危险的室外电源；④ 停止露天集体活动，立即疏散人员；⑤ 高空、水上等户外作业人员停止作业，危险地带人员撤离；⑥ 其他同上。

（3）颜色：橙。含义：2 小时内可能受雷雨大风影响，平均风力可达 10 级以上，或阵风 11 级以上，并伴有强雷电；或者已经受雷雨大风影响，平均风力为 10～11 级，或阵风 11～12 级并伴有强雷电，且可能持续。防御指南：① 人员切勿外出，确保留在最安全的地方；② 相关应急处置部门和抢险单位随时准备启动抢险应急方案；③ 加固港口设施，防止船只走锚和碰撞；④ 其他同上。

（4）颜色：红。含义：2 小时内可能受雷雨大风影响，平均风力可达 12 级以上并伴有强雷电；或者已经受雷雨大风影响，平均风力为 12 级以上并伴有强雷电，且可能持续。防御指南：① 进入特别紧急防风状态；② 相关应急处置部门和抢险单位随时准备启动抢险应急方案；③ 其他同上。

4. 常规武器空袭预警

常规武器空袭，是指除核、化、生以外的武器从空中对地面（水面）目标进行的袭击。

（1）防空警报信号的识别。① 预先警报：鸣 36 秒，停 24 秒，反复 3 遍，时间为 3 分钟。② 空袭警报：鸣 6 秒，停 6 秒，反复 15 遍，时间为 3 分钟。③ 解除警报：连续长鸣 3 分钟。

（2）空袭前的防护准备。① 熟悉周围防空隐蔽设施，明确疏散、隐蔽路线。② 准备好随身生活用品和药品，如手电筒、饮用水、急救包等。③ 房屋的玻璃窗均应贴上"米"或"井"字形纸条或布条，以防玻璃震碎伤人。

（3）空袭时的防护行动。① 听到预先警报后应立即切断电源，关闭煤气，熄灭炉火，带好个人防护器具和生活必需品，迅速、有序地进入人防工程或指定隐蔽区域。② 听到空袭警报后应就近进入人防工程隐蔽，情况紧急无法进入人防工程时，要利用地形地物就近隐蔽。③ 在公共场所时不要乱跑，可就近进入地下室、地铁车站或钢筋混凝土建筑物底层等处隐蔽，不要在高压线、油库等危险处停留。④ 在空旷地时就近疏散到低洼地、路沟里、土堆旁、大树下，迅速卧倒隐蔽。当发现炸弹在附近投下或爆炸时，应迅速就地卧倒，面部向下，掩住耳，张开嘴，闭上眼，胸和腹部不要紧贴地面，以防震伤。⑤ 听到警报解除后，应尽快开展自救互救并恢复生产和生活秩序。

二、求救

（一）紧急呼救

1. 110、119、122 报警台

有些地方 110 报警台（原 110、119、122 三台合并为 110）统一受理群众的报警求助和交通、火灾事故报警。但有些地方规定：匪警 110；火警 119；交通事故 122。

（1）110 报警台受理群众报警范围。① 刑事案件。② 治安案（事）件。③ 危及人身、财产安全或者社会治安秩序的群体性事件。④ 自然灾害、治安灾害事故。⑤ 其他需要公安机关处置的与违法犯罪有关的报警。

（2）119 报警台受理群众报警范围。① 火灾事故。② 事故抢险。③ 灾害救援。

（3）122 报警台受理群众报警范围。① 一般道路交通事故。② 道路清障。③ 高速公路事故报警电话：12122。

110、119、122 免收电话费，可通过固定电话、移动电话直拨；异地拨打案发地的 110 电话时，先拨打案发地区号，再拨打 110。

报警时应讲清案发的时间、方位、您的姓名及联系方式等。如对案发地不熟悉，可提供现场附近有明显标志的建筑物、大型场所、公交车站、单位名称等。

报警后，要保护现场，以便民警取证。

2. 120 医疗急救

120 是医疗急救中心求助电话，拨打时请注意以下几点。

（1）呼救时，尽可能说清病人的所在方位、年龄、性别和病情。

（2）尽可能说明病人典型的发病表现，如胸痛、意识不清、呕血、呼吸困难等。

（3）尽可能说明病人患病或受伤的时间。如果是意外伤害，要说明伤害的性质，如触电、爆炸、塌方、溺水、火灾、中毒、交通事故等。

（4）尽可能说明您的特殊需要，并了解清楚救护车到达的大致时间。

（二）求救信号

SOS 是国际通用的求救信号。一般情况，重复三次都象征求助，根据自身的情况和周围的环境条件，可以点燃三堆火、制造三股浓烟、发出三声响亮口哨、呼喊等。

1. 火光信号

国际通用的火光信号是燃放三堆火焰。火堆摆成三角形，每堆之间的间隔相等最为理想。保持燃料干燥，一旦有飞机路过，尽快点燃求助。尽量选择在开阔地带点火。

2. 浓烟信号

在白天，浓烟升空后与周围环境形成强烈对比，易被发现。在火堆中添加绿草、树叶、苔藓或蕨类植物都能产生浓烟；潮湿的树枝、草席、坐垫可熏烧更长时间。

3. 旗语信号

将一面旗子或一块色泽鲜艳的布料系在木棒上，挥棒时，在左侧长划，右侧短划，做"8"字形运动。如果双方距离较近，不必做"8"字形运动，简单划动即可，在左边长划一次，右边短划一次，前者应比后者用时稍长。

4. 声音信号

如距离较近，可大声呼喊求救，三声短三声长，再三声短，间隔一分钟后重复。

5. 反光信号

利用阳光和一个反射镜即可发出信号光求救。如果没有镜子，可利用罐头瓶盖、玻璃、金属片等来反射光线。持续的反射将产生一条长线和一个圆点，引人注目。

6. 信息信号

遇险人员转移时，应留下一些信号物，以便救援人员发现。如：将岩石或碎石摆成箭头形，指示方向；将棍棒支撑在树杈间，顶部指着行动方向；在一卷草束的中上部系上结，使其顶端弯曲指示行动方向；用小石块垒成大石堆，在边上再放一小石块，指示行动方向；用一个深刻于树干的箭头形凹槽表示行动方向。两根交叉的木棒或石头意味着此路不通。用三块岩石、木棒或灌木平行竖立或摆放表示危险或紧急。

第二节　一般事件预防与自救

一、止血与包扎

一般成人总血量大约 4 000毫升。短时间内丢失总血量的1/3时（约 1 300毫升）就会发生休克。失血者表现为脸色苍白、出冷汗、血压下降、脉搏虚弱等。如果丢失总血量的一半（约

2 000毫升），则组织器官处于严重缺血状态，很快可导致死亡。外伤止血的具体方法如下。

（一）止血

一般限于无明显动脉性出血为宜。小创口出血，有条件时先用生理盐水冲洗局部，再用消毒纱布覆盖创口，绷带或三角巾包扎。无条件时可用冷开水冲洗，再用干净毛巾或其他软质布料覆盖包扎。如果创口较大而出血较多时，要加压包扎止血，包扎的压力应适度。严禁用泥土、面粉等不洁物撒在伤口上，以免造成伤口进一步污染。

由外伤引起的大出血，如不及时予以止血和包扎，就会严重威胁人的健康乃至生命。

外出血的止血急救方法如下。

1. 一般止血法

针对小的创口出血，先用生理盐水冲洗，然后消毒，最后再覆盖多层消毒纱布用绷带扎紧包扎。注意，如果患部有较多毛发，如头部，在处理时应剪剃毛发。

2. 指压止血法

在伤口的上方，即近心端，找到跳动的血管，用手指紧紧压住。这是手头一时无包扎材料和止血带时，在紧急情况下的临时止血法，适用于急救处理较急剧的动脉出血。使用此法时，事先应了解正确的压迫点，把手指压在出血动脉近端的邻近骨头上，阻断血液运输来源，但是止血不易持久。指压止血的同时，应准备材料换用其他止血方法。采用此法，救护者必须熟悉各部位血管出血的压迫点。

（1）头顶部出血，在伤侧耳前，用拇指压迫颞浅动脉。

（2）头颈部出血，用大拇指对准颈部胸锁乳突肌中段内侧，将颈总动脉压向颈椎。注意不能同时压迫两侧颈总动脉，以免造成脑缺血坏死。压迫时间也不能太久，以免造成危险。

（3）上臂出血，一手抬高患肢，另一手拇指在上臂内侧出血位置上方压迫肱动脉。

（4）前臂出血，在上臂内侧肌沟处，施以压力，将肱动脉压于肱骨上。

（5）手掌和手背出血，将患肢抬高，用两手拇指分别压迫手腕部的尺动脉和桡动脉。

（6）手指出血，用健侧的手指，使劲捏住伤手的手指根部两侧，即可止血。

（7）大腿出血，屈起伤侧大腿，使肌肉放松，用大拇指压住股动脉（在大腿根部的腹股沟中点下方），用力向后压。为增强压力，另一手可重叠施压。

（8）足部出血，在内外踝连线中点前外上方和内踝后上方摸到胫前动脉和胫后动脉，用手指紧紧压住可止血。

3. 加压包扎止血法

用消毒的纱布、棉花做成软垫放在伤口上，再用力加以包扎，以增大压力达到止血的目的。此法应用普遍，效果也佳，但要注意加压时间不能过长。

4. 屈肢加垫止血法

当前臂或小腿出血时，可在肘窝、腋窝内放以纱布垫、棉花团或毛巾、衣服等物品，屈曲关节固定。但骨折或关节脱位者不能使用。

5. 橡皮止血带止血法

常用的止血带是1米左右的橡皮管。止血方法是：掌心向上，止血带一端由虎口按住，一手拉紧，绕肢体2圈，中、食两指将止血带的末端夹住，顺着肢体用力拉下，压住"余头"，以免滑脱。注意使用止血带止血要加垫，不要直接扎在皮肤上。每隔 60 分钟放松止血带 3～5 分钟，松时慢慢用指压法代替。

6. 填塞止血法

将消毒的纱布、棉垫、急救包填塞压迫在创口内，外用绷带包扎，松紧度以达到止血目的为宜。

(二) 包扎

包扎是各种外伤中最常用、最基本的急救技术之一。包扎得当，有压迫止血、保护伤口、防止感染、固定骨折和减少疼痛等作用。

在下列情况中，包扎常被应用。

(1) 普通外伤，伤口较大、较深，出血量较多，疼痛剧烈。

(2) 局部骨折及全身骨折。

(3) 烧伤、动物抓咬伤等其他外伤。

包扎材料以绷带、三角巾、方形长带最为多见。现场急救时，如没有专用的绷带和三角巾，可将衣物、床单、手巾等物撕成布条来代替绷带，也可将衣物、床单 (以棉质为首选) 裁成三角巾。目前，已有各种新型的绷带面市，如弹性绷带、自粘绷带等。绷带包扎一般用于固定肢体、关节，或固定敷料、夹板等。三角巾包扎主要用于包扎、悬吊受伤肢体等。

1. 胸部伤包扎方法

如果胸腔受伤穿孔，吸气时胸腔扩展，空气会进入伤口，引发肺功能衰竭，这是胸部伤引起的最大危险之一。此时，应及时用手掌捂住伤口，阻止吸气时空气进入；病人应仰卧，头和肩膀倾向受伤的一边；用大块疏松湿润的敷剂堵塞伤口，或者利用塑料片或铝箔 (最好外包一层凡士林)，用绷带包扎好。

2. 腹部伤包扎方法

腹部受伤可能会损坏内脏器官，引起内出血。此时，用湿润布条润湿病人嘴唇和舌部，会使病人感觉好受许多；如果伤员肠子流出腹腔，要保护好，并保持润湿。不要企图把它复位，这会为营救后的手术带来麻烦。如果没有内脏器官外露，应将伤口清洗包扎好。

3. 头部伤包扎方法

头部受伤很可能会伤及脑部，伤口也可能会影响正常呼吸和饮食。要确保舌根不会抵住喉管，使得呼吸通畅，必须除去假牙或已脱落的碎牙，控制住流血。清醒病人可以坐卧。昏迷病人如果颈部和脊椎无伤，必须按照恢复位侧卧。

4. 包扎注意事项

遇到伤员大出血或骨折等情况时，错误的包扎会导致伤口感染、肢体坏死等后果；若不为伤员进行包扎，则可引起持续性出血而造成死亡。只有及时、正确地包扎，才能够帮助伤员止血、保护伤口，从而挽救生命。

在包扎时应做到以下几点。

（1）使用干净无污染的布料进行包扎。

（2）动作要迅速准确，不能加重伤员的疼痛、出血或伤口污染。

（3）包扎不宜太紧或太松，太紧会影响血液循环，太松会使敷料脱落或移动。

（4）包扎四肢时，指（趾）端最好暴露在外面，以便观察血液流通情况。

（5）用三角巾包扎时，角要拉紧，包扎要贴实，打结要牢固。

（6）打结处不要位于伤口上或背部，以免加重疼痛或影响睡眠。

（7）不要压迫脱出的内脏，禁止将脱出的内脏送回腹腔内。

二、蜇咬伤的急救

(一) 被蜂蜇伤的应急处理

夏秋季节外出野游，如被蜂蜇伤，不要以为没有什么，应引起重视，否则可能会导致严重的后果。假如蜂毒进入血管，会发生过敏性休克，以至死亡。

(1) 被蜂蜇伤后，其毒针会留在皮肤内，必须用消毒针将叮在肉内的断刺剔出，然后用力掐住被蜇伤的部分，用嘴反复吸吮，以吸出毒素。如果身边暂时没有药物，可用肥皂水充分洗患处，然后再涂些食醋或柠檬。

(2) 万一发生休克，在通知急救中心或去医院的途中，要注意保持呼吸畅通，并进行人工呼吸、心脏按压等急救处理。

同时应注意，被毒蜂蜇伤后，往患处涂氨水基本无效，因为蜂毒的组织胺用氨水是中和不了的。黄蜂有毒，但蜜蜂毒性不大。被蜜蜂蜇伤后，也要先剔出断刺。在处置上与黄蜂不同的是，可在伤口涂些氨水、小苏打水或肥皂水。被蜂蜇伤 20 分钟后无症状者，可以放心。

(二) 被蛇咬伤的应急处理

被蛇咬伤后，首先要判断蛇是否有毒，毒蛇与无毒蛇最根本的区别是毒蛇的牙痕为单排，无毒蛇的牙痕为双排。在无法辨别是否毒蛇咬伤时，必须按毒蛇咬伤进行治疗。人一旦被蛇咬伤，应按照以下步骤进行应急处理。

(1) 患者应保持镇静，切勿惊慌、奔跑，以免加速毒液吸收和扩散。在安静的状态下，将病人迅速护送到医院。

(2) 如在荒郊野外，离医院较远，则必须立即进行自救或互救。

(3) 绑扎伤肢，立即用止血带或橡胶带，以及随身所带绳、带等在肢体被咬伤的上方扎紧，结扎紧度以阻断淋巴和静脉回流为准（成人一般将止血带压力保持在13.3千帕左右）；结扎时应留一较长的活的结头，便于解开，每15~30分钟放松1~2分钟，避免肢体缺血坏死，急救处理结束后，可以解除，一般不要超过2小时。

（4）伤口清洗，用清水冲洗伤口，用生理盐水或高锰酸钾液冲洗更好。此时，如果发现有毒牙残留必须拔出。

（5）扩创排毒，缠扎止血带后，可用手指直接在咬伤处挤出毒液，在紧急情况时可用口吸吮（口应无破损或龋齿，以免吸吮者中毒），边吸边吐，再以清水、盐水或酒漱口。首先吸毒至少0.5~1.0小时，重症或肿胀未消退前，用消过毒或清洁的刀片，连接两毒牙痕为中心作"十"字形切口（切口不宜太深，只要切至皮下能使毒液排出即可）。作十字形切开后再吸引，以后可将患肢浸在2%冷盐水中，自上而下用手指不断挤压20~30分钟。咬伤后超过24小时，一般不再排毒，如伤口周围肿胀明显，可在肿胀处下端每隔3~6厘米处，用消毒钝头粗针平刺直入2厘米，如手足部肿胀时，上肢者穿刺八邪穴（四个手指指缝之间），下肢者穿刺八风穴（四个足趾趾缝之间），以排除毒液，加速退肿。

有毒蛇和无毒蛇的区别和预防：毒蛇一般头大颈细，头呈三角形，尾短而突然变细，体表花纹比较鲜艳。无毒蛇一般头呈钝圆形，颈不细，尾部细长，体表花纹多不明显。预防：打草惊蛇，把蛇赶走。在山林地带宿营时，睡前和起床后，应检查有无蛇潜入。不要随便在草丛和蛇可能栖息的场所坐卧，禁止用手伸入鼠洞和树洞内。进入山区、树林、草丛地带应穿好鞋袜，扎紧裤腿。遇见毒蛇，应远道绕过；若被蛇追逐时，应向上坡跑，或忽左忽右地转弯跑，切勿直跑或直向下坡跑。

（三）被犬咬伤应急处理

（1）一般情况下很难区别是否被疯狗咬伤，所以一旦被狗咬伤，都应按疯狗咬伤处理。

（2）被狗咬伤后，要立即处理伤口。首先在伤口上方扎止血带（可用手帕、绳索等代替），防止或减少病毒随血液流入全身。

（3）被咬后立即挤压伤口排去带毒液的污血或用火罐拔毒，但绝不能用嘴去吸伤口处的污血。

（4）用20%的肥皂水或1%的新洁尔灭彻底清洗，再用清水洗净，继用2%~3%的碘酒或75%的酒精局部消毒。

（5）局部伤口原则上不缝合、不包扎、不涂软膏、不用粉剂以利伤口排毒。如伤及头面部，或伤口大且深，伤及大血管需要缝合包扎时，应以不妨碍引流，保证充分冲洗和消毒为前提，做抗血清处理后即可缝合。

（6）可同时使用破伤风抗毒素和其他抗感染处理以控制狂犬病以外的其他感染，但注射部位应与抗狂犬病病毒血清和狂犬疫苗的注射部位错开。

（7）被猫、狗抓伤咬伤后，若附近无医院，要尽可能先行彻底清理伤口，要把血水往外挤，然后用清水（最好用肥皂水）清洗伤口15分钟。经这样处理后，立即到医院接种狂犬病疫苗，如果伤势比较严重，还要注射狂犬病免疫球蛋白，以中和伤口里的病毒。

三、烧伤和烫伤的急救

（一）烧伤的应急处理

（1）尽快脱去着火的衣服，特别是化纤衣服，以免着火的衣服和衣服上的热液继续发挥作用，从而使创面加大、加深。

（2）用水将衣服上的火浇灭，如附近有水池可跳入附近水池或者河沟内。

（3）迅速卧倒，慢慢地在地上滚动以压灭火焰。不要让伤者在衣服着火时站立或奔跑呼叫，以免增加头和面部烧伤后的吸入性损伤。

（4）迅速离开密闭和通风不良的现场，以免发生吸热性损伤和窒息。

（5）用身边如毯子、雨衣、大衣、棉被等阻燃材料或不易燃烧的材料，迅速覆盖着火处，使之与空气隔绝。

（二）烫伤的应急处理

（1）对只有轻微红肿的轻度烫伤，可以用冷水反复冲洗，再涂些清凉油即可。

（2）烫伤部位已经起小水泡的，不要弄破它，可以在水泡周围涂擦酒精，用干净的纱布包扎。

（3）烫伤比较严重的，应当及时送医院进行诊治。

（4）烫伤面积较大的，应尽快脱去衣裤、鞋袜，但不能强行撕脱，必要时应将衣物剪开；烫伤后，要特别注意烫伤部位的清洁，不能随意涂擦外用药品或代用品，防止受到感染，从而给医院的治疗增加困难。正确的方法是脱去患者的衣物后，用洁净的毛巾或床单进行包裹。

（三）如何预防烫伤

烫伤是生活中经常遇到的事故。在家庭生活中，最常见的是被热水、热油等烫伤。如何防止烫伤呢？

（1）从炉火上移动开水壶、热油锅时，应戴上手套用布衬垫，防止直接烫伤；端下的开水壶、热油锅要放在人不易碰到的地方。

（2）在炒菜、煎炸食品时，不要让孩子在周围玩耍、打扰，以防被溅出的热油烫伤；孩子在学习做菜时，注意力要集中，不要把水滴到热油中，否则热油遇水会飞溅起来，把人烫伤。

（3）油是易燃的，在高温下会燃烧，做菜时要防止油温过高而起火。万一锅中的油起火，千万不要惊慌失措，应该尽快用锅盖盖在锅上，并且将油锅迅速从炉火上移开或者熄灭炉火。

（4）家里的电熨斗、电暖器等发热的器具会使人烫伤，在使用中应当特别小心，尤其不要随便去触摸。

（5）在使用高压锅时应引起注意。用高压锅做饭，可以节省时间和能源，许多家庭都使用它。高压锅在使用时，锅里的温度高、压力大，所以安全问题十分重要。使用高压锅之前，首先要检查锅盖的通气孔是不是通畅，压力阀是不是完好无损。在使用中，不要触动高压锅的压力阀，更不要在压力阀上加压重物或者打开锅盖。饭菜做好以后，不能马上拿下压力阀或者打开锅盖，要耐心地等待锅里的高压热气释放出来后，才能拿下压力阀，打开锅盖。

四、心肺复苏

心肺复苏法包括人工呼吸法与胸外按压法两种急救方法。对于抢救伤者生命来说，既至关重要又相辅相成。所以，一般情况下该两法要同时施行。因为心跳和呼吸相互联系，心跳停止了，呼吸很快就会停止；呼吸停止了，心脏跳动也维持不了多久。因此，呼吸和心脏跳动是人体存活的基本特征。

采用心肺复苏法进行抢救，以维持伤者生命的三项基本措施：通畅气道、口对口人工呼吸和胸外心脏按压。

1. 通畅气道

当伤者呼吸停止时，最主要的是要始终确保其呼吸通畅；若发现伤者口内有异物，则应清理口腔阻塞。即将其身体及头部同时侧转，并迅速用一个或两个手指从口角处插入取出异物。操作中要防止将异物推向咽喉深处。

采用使伤者鼻孔朝天头后仰的"仰头抬颌法"通畅气道。具体做法是用一只手放在伤者前额，另一只手的手指将伤者下颌向上抬起，两只手协同将头部推向后仰，此时舌根随之抬起，气道即可通畅。禁用枕头或其他物品垫在伤者头下，因为头部太高更会加重气道阻塞，且使胸外按压时流向脑部的血流减少。

2. 口对口人工呼吸

正常呼吸是由呼吸中枢神经支配的，由肺的扩张与缩小，排出二氧化碳，维持人体的正常生理功能。一旦呼吸停止，机体不能建立正常的气体交换，最后便导致人的死亡。口对口人工呼吸就是采用人工机械的强制作用维持气体交换，并使其逐步地恢复正常呼吸。具体操作方法如下。

（1）在保持其道畅通的同时，救护人员用放在伤者额上的那只手捏住鼻翼，深深地吸足气后，与伤者口对口接合并贴近吹气，然后放松换气，如此反复进行。开始时（均在不漏气情况下）可先快速连续大口吹气4次（每次用时1~1.5秒）。经4次吹气后观察伤者胸部有无起伏，同时测试其颈动脉，若无搏动，便可判断为心跳已停止，此时应立即同时实行胸外按压。

（2）除开始实施时的4次大口吹气外，以后正常的口对口吹气量均不需过大（但应达800~1 200毫升），以免引起胃膨胀。实行速度约每分钟12~16次；对儿童为每分钟20次。吹气和放松时，应注意伤者的胸部要有起伏状呼吸动作。吹气中如遇有较大阻力，便可能是头部后仰不够，气道不畅，要及时纠正。

（3）触电者如牙关紧闭且无法弄开时，可改为口对鼻人工呼吸。口对鼻人工呼吸时，要将触电者嘴唇紧闭以防止漏气。

3. 胸外心脏按压（人工循环）

心脏是血液循环的"发动机"。正常的心脏跳动是一种自主行为，同时受交感神经、副交感神经及体液的调节。由于心脏的收缩与舒张，把氧气和养料输送给机体，并把机体的二氧化碳和废料带回。一旦心脏停止跳动，机体因血液循环中止，将缺乏供养和养料而丧失正常功能，最后导致死亡。胸外心脏按压法就是采用人工机械的强制作用维持血液循环，并使其逐步过渡到正常的心脏跳动。

（1）正确的按压位置（称"压区"）是保证胸外按压效果的重要前提。确定正确按压位置的步骤如下。① 右手食指和中指沿触电者右侧肋弓下缘向上，找到肋骨和胸骨结合处的中点。② 两手指并齐，中指放在切迹中点（剑突底部），食指平放在胸骨下部。③ 另一只手的掌根紧挨食指上缘，置于胸骨上，此处即为正确的按压位置。

（2）正确的按压姿势是达到胸外按压效果的基本保证。正确的按压姿势如下。① 使伤者仰面躺在平硬的地方，救护人员立或跪在伤员一侧肩旁，两肩位于伤员胸骨正上方，两臂伸直，肘关节固定不屈，两手掌根相叠。此时，贴胸手掌的中指尖刚好抵在伤者两锁骨间的凹陷处，然后再将手指翘起，不触及伤者胸壁，或者采用两手指交叉抬起法。② 以髋关节为支点，利用上身的重力，垂直地将成人的胸骨压陷4.0~5.0厘米（儿童和瘦弱者酌减，2.5~4.0厘米，对婴儿则为1.5~2.5厘米）。按压至要求程度后，要立即全部放松，但放松时救护人员的掌根不应离开胸壁，以免改变正确的按压位置。③ 按压时正确地操作是关键。尤应注意，抢救者双臂应绷直，双肩在患者胸骨上方正中，垂直向下用力按压。按压时应利用上半身的体重和肩、臂部肌肉力量，避免不正确的按压。

按压救护是否有效的标志，是在施行按压急救过程中再次测试伤者的颈动脉，看其有无搏动。由于颈动脉位置靠近心脏，容易反映心跳的情况。此外，因颈部暴露，便于迅速触摸，且易于学会与记牢。

（3）胸外按压的方法。① 胸外按压的动作要平稳，不能冲击式地猛压。而应以均匀速度有规律地进行，每分钟 80 ~ 100 次，每次按压和放松的时间要相等（各用时约 0.4 秒）。② 胸外按压与口对口人工呼吸两法同时进行时，其节奏为：单人抢救时，按压 15 次，吹气 2 次，如此反复进行；双人抢救时，每按压 5 次，由另一人吹气一次，可轮流反复进行。

五、中暑的预防与自救

中暑是人持续在高温条件下或受阳光暴晒所致，大多发生在烈日下长时间站立、劳动、集会、徒步行军时。轻度中暑会感到头昏、耳鸣、胸闷、心慌、四肢无力、口渴、恶心等；重度中暑可能会伴有高烧、昏迷、痉挛等。

（一）户外活动如何防止中暑

1. 喝水

大量出汗后，要及时补充水分。外出活动，尤其是远足、爬山或去缺水的地方，一定要带够充足的水。条件允许时，还可以带些水果等解渴的食品。

2. 降温

外出活动前，应做好防晒的准备，最好准备太阳伞、遮阳帽，着浅色透气性好的服装。外出活动时一旦有中暑的征兆，要立即采取措施，寻找阴凉通风之处，解开衣领，降低体温。

3. 备药

可以随身带一些人丹、十滴水、藿香正气水等药品，以缓解轻度中暑引起的症状。如果中暑症状严重，应立即送医院诊治。

（二）中暑救护处理

（1）迅速将患者移往通风处，头放低，解开衣服，让体温慢慢下降。

（2）可用冷水将患者身体冲湿，让其浸泡在水中，或用棉布包冰块擦拭患者身体，再为其进行四肢按摩，促进身体血液循环，让器官维持正常运作。

（3）大量给水，可以口服或静脉注射生理盐水补充。

（4）注意患者体温下降的速度，如果体温下降缓慢，可以让患者稍微吹风。最好测量其肛温，如果温度降至 38℃ 以下，就不要再让患者受风。可用少许大蒜汁滴入鼻孔治疗。

（5）如果患者出现意识不清、器官衰竭现象，如小便尿不出来，血压、心跳改变，皮下出血，甚至昏迷，则要赶快送医院。

（6）中暑后可用藿香 6 克、连翘 10 克、半夏 10 克、陈皮 6 克水煎服，一日一剂。

六、休克与昏厥的急救

（一）休克的急救

1. 休克的表现

休克是一种急性循环功能不全综合征。发生的主要原因是有效血循环量不足，引起全身组织和脏器血流灌注不良，导致组织缺血、缺氧、微循环瘀滞、代谢紊乱和脏器功能障碍等一系列病理生理改变。

休克病人表现为血压下降，心率增快，脉搏细弱，全身乏力，皮肤湿冷，面色苍白或青脉萎陷，尿量减少。休克开始时，病人意识尚清醒，如不及时抢救，则可能表现烦躁不安，反应迟钝，神志模糊，进入昏迷状态甚至导致死亡。

2. 现场急救

（1）令病人平卧，下肢稍抬高，以利对大脑血流供应，但伴有心衰、肺水肿等情况出现时，应取半卧位。

（2）应注意保暖，保持呼吸道畅通，以防发生窒息。

（3）保持安静，避免随意搬动，以免增加心脏负担，使休克加重。

（4）如因过敏导致的休克，应尽快脱离致敏场所和致敏物质，并给予备用脱敏药物如扑尔敏片口服。

（5）有条件要立即吸氧，对于未昏迷的病人，应酌情给予含盐饮料（每升水含盐 3 克，碳酸氢钠 15 克）。

值得特别注意的是，一旦发现病人出现休克，应分秒必争打120 呼救，或送至就近医院抢救。因为一般情况下在院外完全治好病人的休克，可以说根本是不可能的。

（二）晕厥的急救

1. 晕厥的表现

晕厥也称晕倒，由于脑部一过性血液不足或脑血管痉挛而发生暂时性知觉丧失现象，病人晕厥时会因知觉丧失而突然昏倒。在昏倒前常见周身发软无力，头晕，眼黑目眩；昏倒后，可见面色苍白或出冷汗，脉搏细弱，手足变凉等。轻度晕厥，经短时休息，即可清醒，醒后可有头痛、头晕、乏力等症状。

发生晕厥的原因常为血管神经性和心脑疾病引起两类，如疼痛恐惧、过度疲劳、饥饿、情绪紧张、气候闷热、体位突然改变等因素可诱发血管神经性晕厥。

心律失常、心肌梗死、心肌炎、高血压、脑血管痉挛发作等疾病等也可导致晕厥发生。

2. 现场急救

（1）令病人平卧，松解患者衣领和腰带，打开室内门窗，便于空气流通，另外将头部稍低，双足略抬高，保障脑部供血。

（2）如有心脏病史，并可疑是心脏病变引起的晕厥时，应取半卧位，以利呼吸。

（3）可针刺或用手指掐病人的人中、内关、合谷等穴，促使苏醒。

（4）注意对病人身体的保暖，随时观察病人呼吸、脉搏等情况。

（5）待病人清醒后，可给病人服用温糖水或热饮料（在晕厥时忌经口给予病人任何饮料及药物）。

（6）经处理仍未清醒者，应及时进行呼救或妥善送往附近医院。

参考文献

福建地震灾害预防中心, 2009. 农村地震安全手册[M]. 福州：福建科学技术出版社.

纪明山, 2019. 新编农药科学使用技术[M]. 北京：化学工业出版社.

李慧, 张双侠, 2018. 农业机械使用维护技术[M]. 北京：中国农业大学出版社.

《农村居民应急救助手册》编写组, 2016. 农村居民应急救助手册 灾害篇[M]. 武汉：长江出版社.

陶红亮, 郝言言, 2015. 日常用火用电安全指导[M]. 北京：化学工业出版社.

张卢妍, 2018. 火灾预防与救助[M]. 北京：化学工业出版社.

朱坚儿, 2014. 安全用电[M]. 北京：电子工业出版社.

《自然灾害的预防与自救丛书》编委会, 2015. 自然灾害的预防与自救丛书 泥石流[M]. 贵阳：贵州科技出版社.